圖解版 有趣到睡不著

趣味宇宙

監修
日本國立天文台 副台長
渡部潤一
JUNICHI WATANABE

地球位於宇宙
的何處呢？

太陽會變大
是真的嗎？

世上
有幾個宇宙？

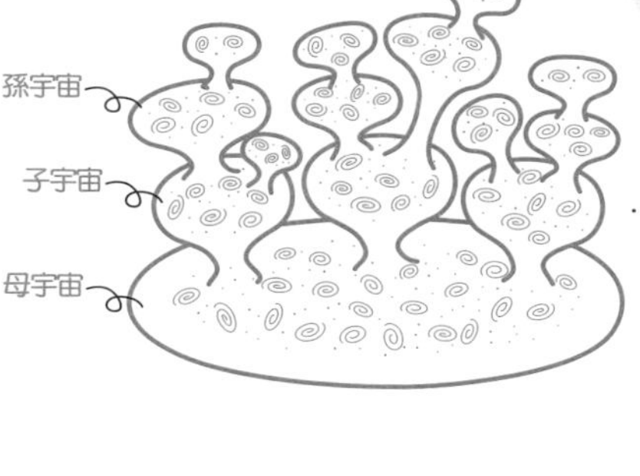

前言

應該有人是因為常常看到電視之類的媒體在播相關新聞，而對宇宙產生興趣的吧？

由於觀測技術的進步，天文學、宇宙物理學、行星科學得以獲得驚人的進展，對宇宙的理解程度也發展到了過往難以想像的程度。

不斷產生的新發現也反映在日漸增加的新聞報導上。

另外，日蝕及月蝕、還有流星群等天文現象也變得經常受到矚目了。日本太空人的活躍則可說是錦上添花。

最近也有些新名詞十分受到盛讚，例如超級月亮。接觸到這些報導後，可能也有人會真的抬頭看看月亮。

只是就算對這些報導有興趣，但想到要買書來看又覺得好像會很難懂，因此而卻步的人可能不少。

在書店裡如果前往天文學的櫃子，總是充滿好像很困難的磚頭書，可能也有人是拿起來後又放回去的吧！

本書就是希望讓這樣的人們可以拿起本書而企劃的。

本書以最新的天文學、宇宙科學知識為基礎，毅然決然地刪除太瑣碎的細節，將主題集中於人們應該會感興趣的部分，並加上豐富的插圖，為的就是想將宇宙最新的樣貌呈現給各位讀者。

從我們所居住的地球的成長，到鄰居的天體月亮之謎，還有賜予地球恩惠的太陽、地球的行星夥伴們的實際面貌、構成星座的恆星以及銀河系、星系，還有宇宙論等近50個話題，囊括了天文學幾乎所有的領域，並且讓宇宙最新的樣子淺顯易懂地浮現在眼前。

拿起本書並閱讀之後，不僅能知道最新的宇宙動態，如果還能體會到日新月異的天文學的趣味，了解宇宙的魅力，並對充滿謎團的宇宙更加親近的話，實乃筆者之幸。

日本國立天文台 副台長
渡部潤一

2018年3月

包含地球在內的8個行星環繞著太陽，加上許多衛星與矮行星、小行星、慧星、星際物質等天體，這些全部包含在太陽系中。

如同我們人類有其壽命，太陽也會成長並衰弱，最終迎向死亡。

在數10億年後，這個太陽系必定會變成和現在不一樣的面貌。

NASA/JPL

我們的太陽系

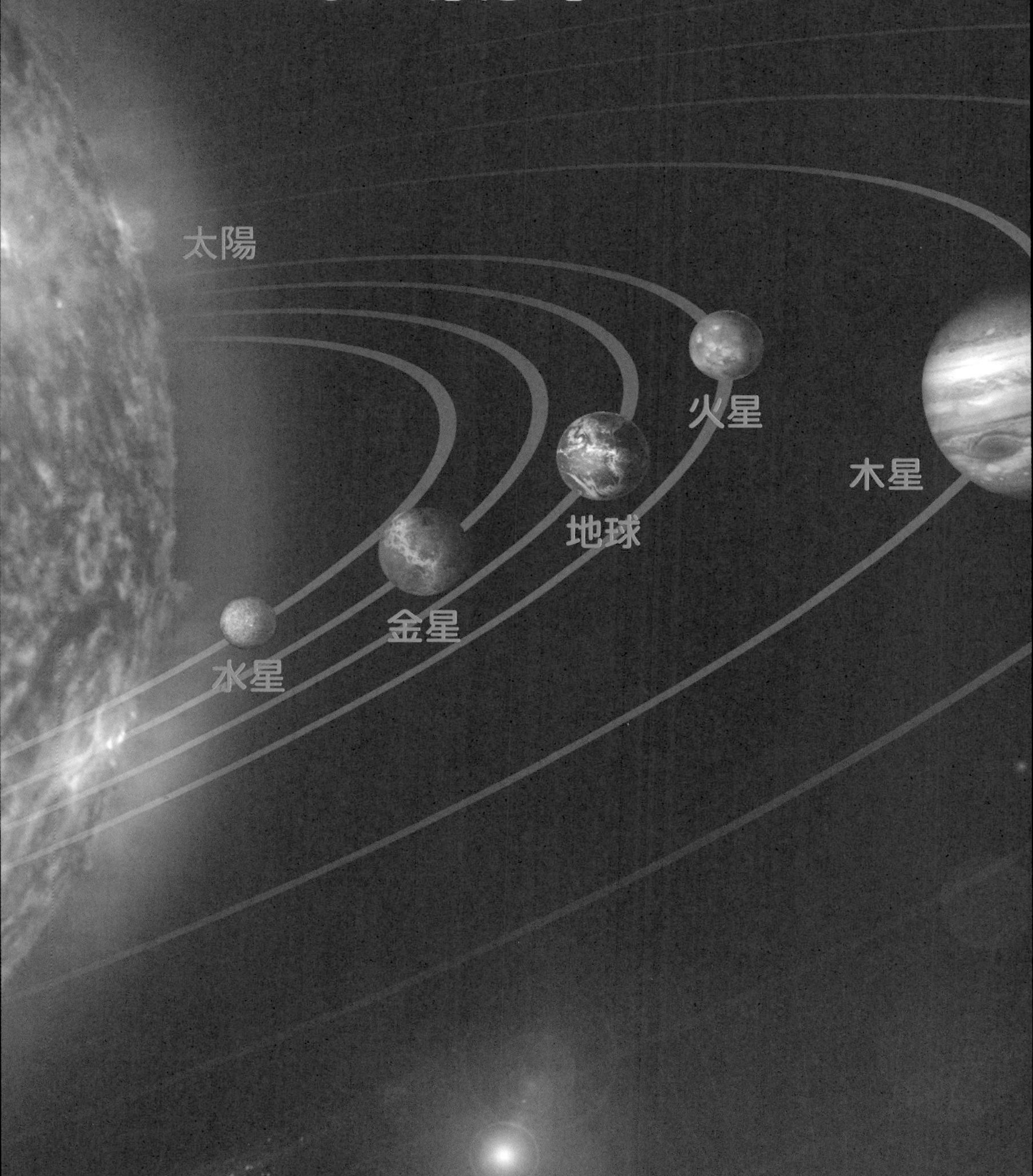

※此圖僅呈現太陽系的行星，與實際上的比例和軌道大小有所差異。

從宇宙誕生之初到現在

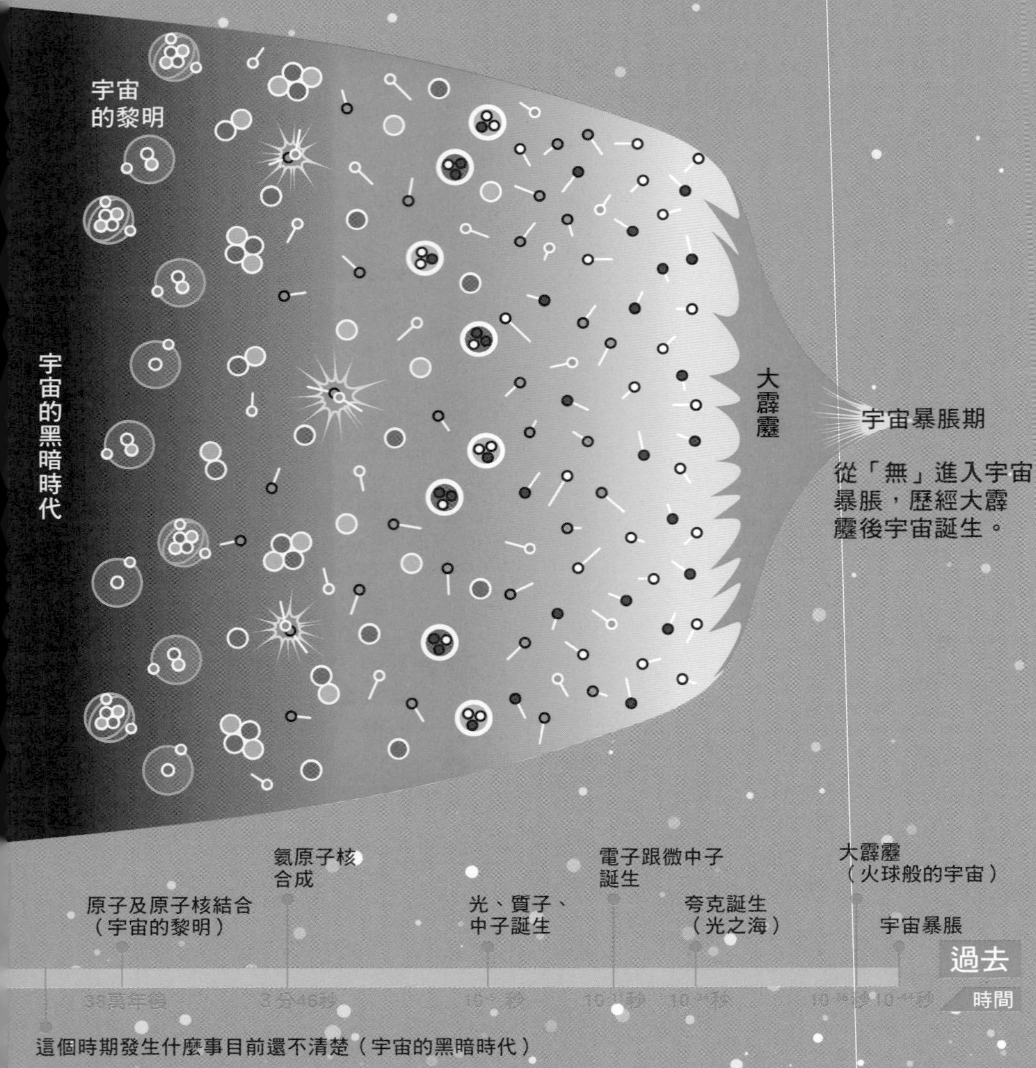

宇宙
的黎明
宇宙的黑暗時代
大霹靂
宇宙暴脹期
從「無」進入宇宙暴脹，歷經大霹靂後宇宙誕生。
氦原子核
合成
電子跟微中子
誕生
大霹靂
（火球般的宇宙）
原子及原子核結合
（宇宙的黎明）
光、質子、
中子誕生
夸克誕生
（光之海）
宇宙暴脹
過去
時間
38萬年後
3分46秒
10⁻⁵秒
10⁻¹¹秒
10⁻³⁴秒
10⁻³⁶秒
10⁻⁴⁴秒
這個時期發生什麼事目前還不清楚（宇宙的黑暗時代）

宇宙一般被認為是從「無」中誕生出來，從「無」到宇宙暴脹時期，歷經大霹靂後約138億年的歲月，成為現在的宇宙樣貌。

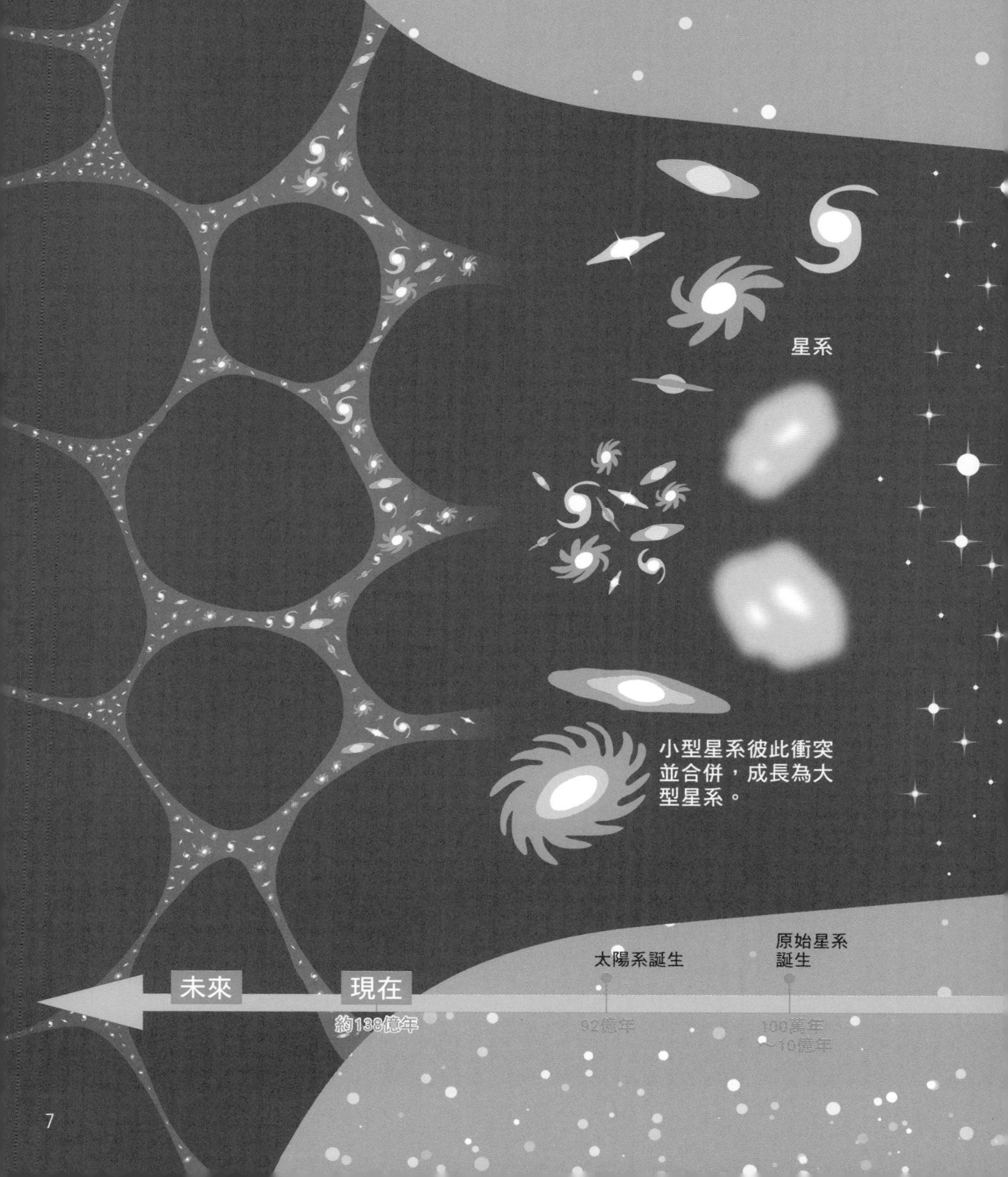

星系
小型星系彼此衝突並合併，成長為大型星系。
太陽系誕生
原始星系誕生
未來
現在
約138億年
92億年
100萬年～10億年

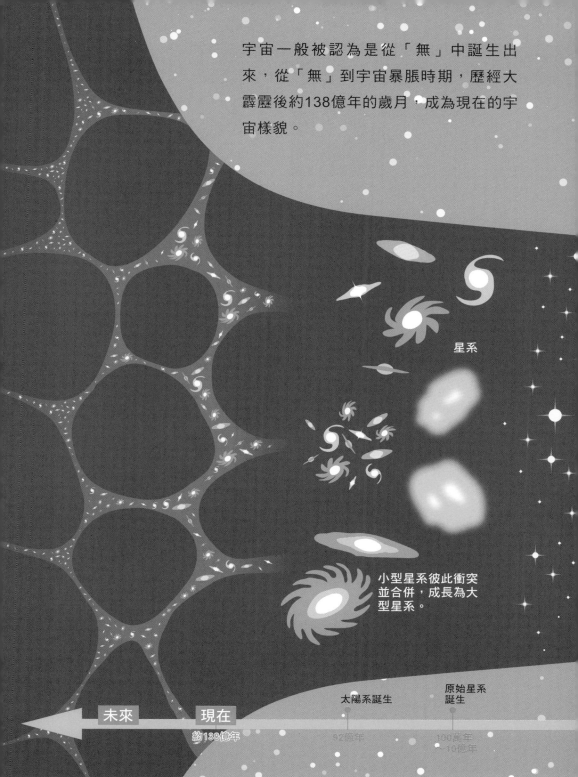

「圖解版 有趣到睡不著　趣味宇宙」目次

第2章 天體鄰居・月亮之謎 33

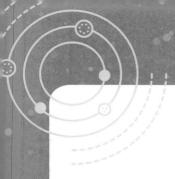

第6章 目前最新的宇宙論

第 1 章

地球的誕生與未來

1 地球位在宇宙的哪裡呢？

在宇宙的一角，銀河系的盡頭

我們所居住的地球是繞著太陽運行的。太陽擁有包含地球在內的8個行星做為衛星，形成被稱為太陽系的群體。

而**太陽系又位於叫做「銀河系」的星系裡，距離星系的中心約2萬8000光年**。

我們總是會不小心以為地球位在宇宙的中心，但是**宇宙並沒有中心或盡頭**。

一般認為宇宙中有1000億個以上的星系，銀河系是其中的一個。然後太陽系則是位在銀河系外圍。

銀河系是由約2000億個恆星及名為星際氣體的物質所構成，就像是將2頂草帽疊在一起的形狀。正中央膨起的部分被稱為「核球」，是由星球及氣體等物質所形成的，一般認為也有巨大的黑洞。

而帽緣部分稱為「星系盤」，銀河系的星系盤是漩渦狀的，核球則是棒狀，所以被分類為棒旋星系。

包覆整個星系，寬大呈現扁球狀的部分被稱為「銀暈」，這裡分布了一些球狀星團。

而一般認為將銀暈包在裡面的是「暗物質（Dark matter）」。

現在已知銀河系的直徑約有10萬光年，核球的厚度約1萬光年，星系盤的厚度則有約1000光年。

銀河系

從「側面」看銀河系

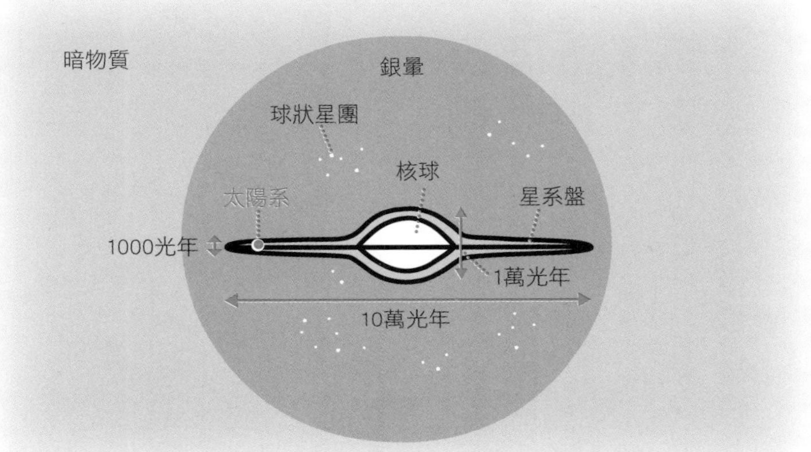

雖然宇宙本身不分上下左右，但是從模型的側面看銀河系會呈現這樣的形狀，可以發現太陽系位在銀河系的外緣。

從「上面」看銀河系

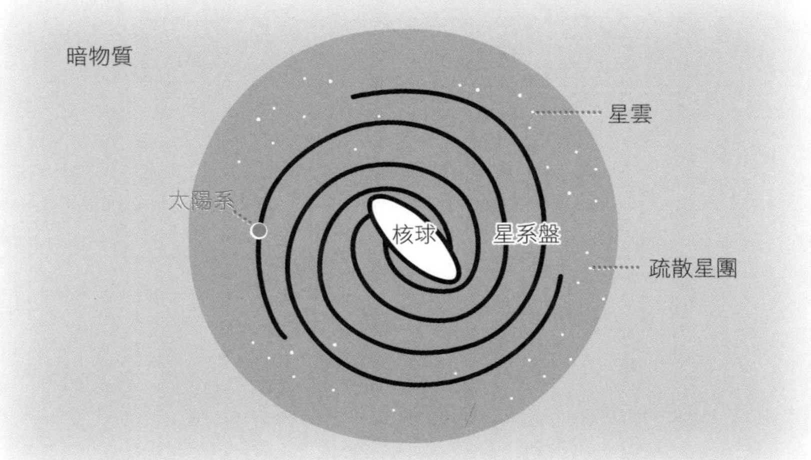

從上面看可以得知太陽系位於銀河系的螺旋臂部分。

用語解說

- 星系……恆星、行星、氣體狀的物質及塵埃、暗物質等，被重力束縛而形成的巨大天體。形狀可分為橢圓星系、透鏡狀星系、螺旋星系、棒旋星系、不規則星系。
- 光年……約9.5兆公里。
- 暗物質（Dark matter）……具有質量且會對周圍產生重力，但目前所有波長的電磁波都還不能觀測到的物質總稱。

2 地球是被微行星撞擊後所形成的嗎？

微行星反覆撞擊、合體後，地球才成為現在的樣子

地球誕生的故事要從約46億年前開始說起，當時新生的原始太陽周圍的氣體和塵埃顆粒形成的原行星盤開始擴大，其中的微行星們也彼此撞擊、合體。

微行星經過撞擊、合體後變大，使得重力也跟著增強，將距離比較遠的微行星也吸引過來，形成了「原始地球」。

這時**地球變得比火星及金星還大，這被認為是後來左右了地球環境的關鍵因素**。

舉例來說，火星的質量約是地球10％左右，所以重力很弱，大氣會逸失到太空中，使得火星的平均氣溫大約只有負40度。

換言之，我們這些生命體是否能存在，行星的大小是非常重要的。

加速成長的原始地球表面融化成黏糊糊的樣子，也就是被稱為「岩漿海」的狀態。

一般認為「岩漿海」的熱度進一步融化深層的岩石，使得質量較重的鐵往地球內部集中，形成「地核」；較輕的岩石成分則移動到核的外側而變成「地函」。

地核及地函等地球內部的構造形成，也跟之後地函對流及包覆地球的磁場形成有關。

另外，微行星中所含有的水分及碳元素因為岩漿的熱度而蒸發，形成大氣層並將地球表面包覆起來。

在那之後，因**行星撞擊減少，地表冷卻下來後開始降下大雨，使得海洋出現**。

地球的成長過程

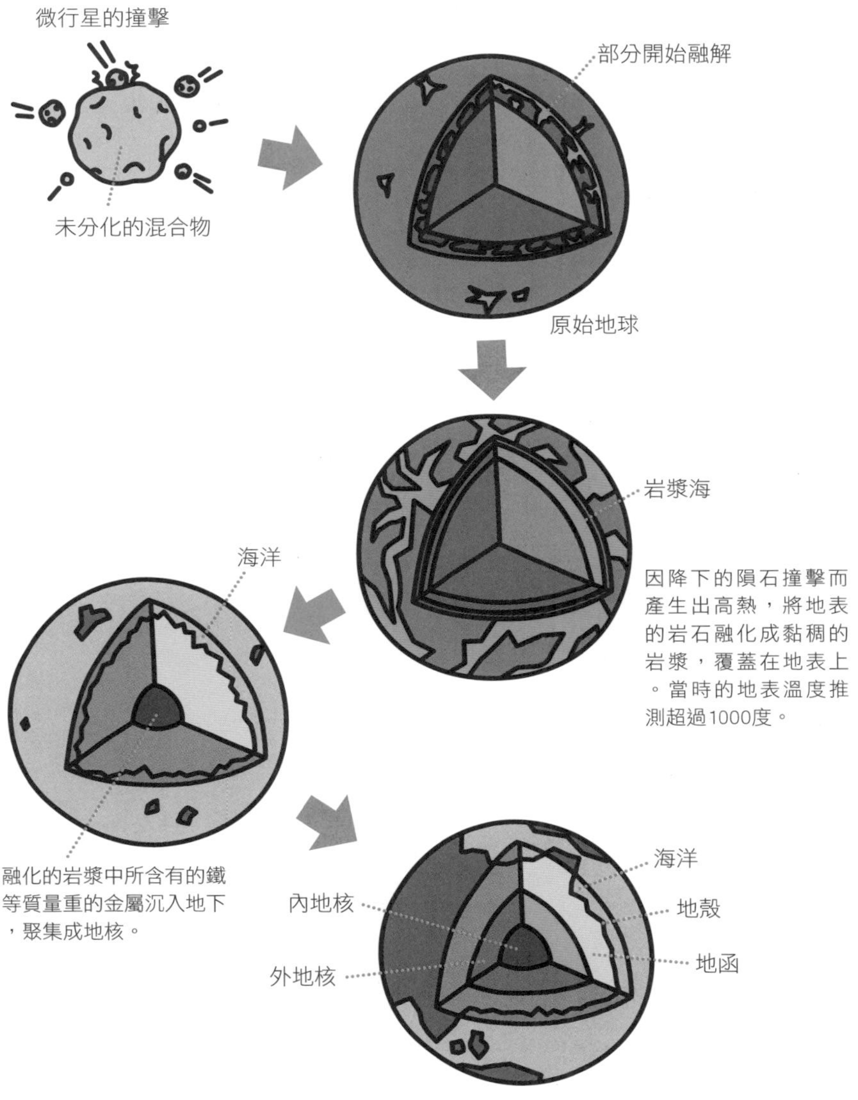
微行星的撞擊
未分化的混合物
部分開始融解
原始地球
岩漿海
因降下的隕石撞擊而產生出高熱，將地表的岩石融化成黏稠的岩漿，覆蓋在地表上。當時的地表溫度推測超過1000度。
海洋
融化的岩漿中所含有的鐵等質量重的金屬沉入地下，聚集成地核。
海洋
內地核
地殼
外地核
地函

從微行星的撞擊到形成原始地球的樣子，一般認為短則花了100萬年，長則花上1億年。在這之後，星球逐漸變大，形成地球的形狀。

用語解說

- 微行星……行星系形成初期就已經存在，直徑約10公里左右的微小天體。

3 大碰撞決定了地球的命運？

託行星巨大撞擊之福，地球擺脫沉沒水底的命運

約45億年前，原始地球發生了一件不得了的大事。

自地球誕生以來，來自微行星的撞擊、合體非常頻繁地發生，而此時有個大小與過去微行星無法相比的巨大天體（原始行星），像擦過般撞上了原始地球。

那個天體的大小與現今的火星相彷，這個大事件被稱為「大碰撞（Giant impact）」。

雖然有個說法是藉由這個事件，指該天體的碎片及被擊碎的部分原始地球環繞在地球周圍，並聚集起來形成了月亮（大碰撞假說），但這點我們在第2章時再來詳細說明。

透過大碰撞，原始地球的水蒸氣大部分逸散到太空，地表的水分一度乾涸。

那麼，現在地球的水分是從哪裡來的呢？

一般認為那是後來撞擊地球的許多隕石中帶有的水分。

如果沒有大碰撞，原始地球就不會失去水分，如果再加上後來不斷撞擊並帶來水分的隕石，地球整體可能會完全被水給淹沒也說不定。

月亮的誕生使得月亮跟地球之間產生重力作用，並使地球自轉軸的傾斜度穩定下來，氣候也跟著安定下來。

一般認為如果沒有月亮，地球將會以1天8小時的猛烈速度自轉，使得氣流激烈狂吹，洋流也會相互猛烈衝撞。

大碰撞假說

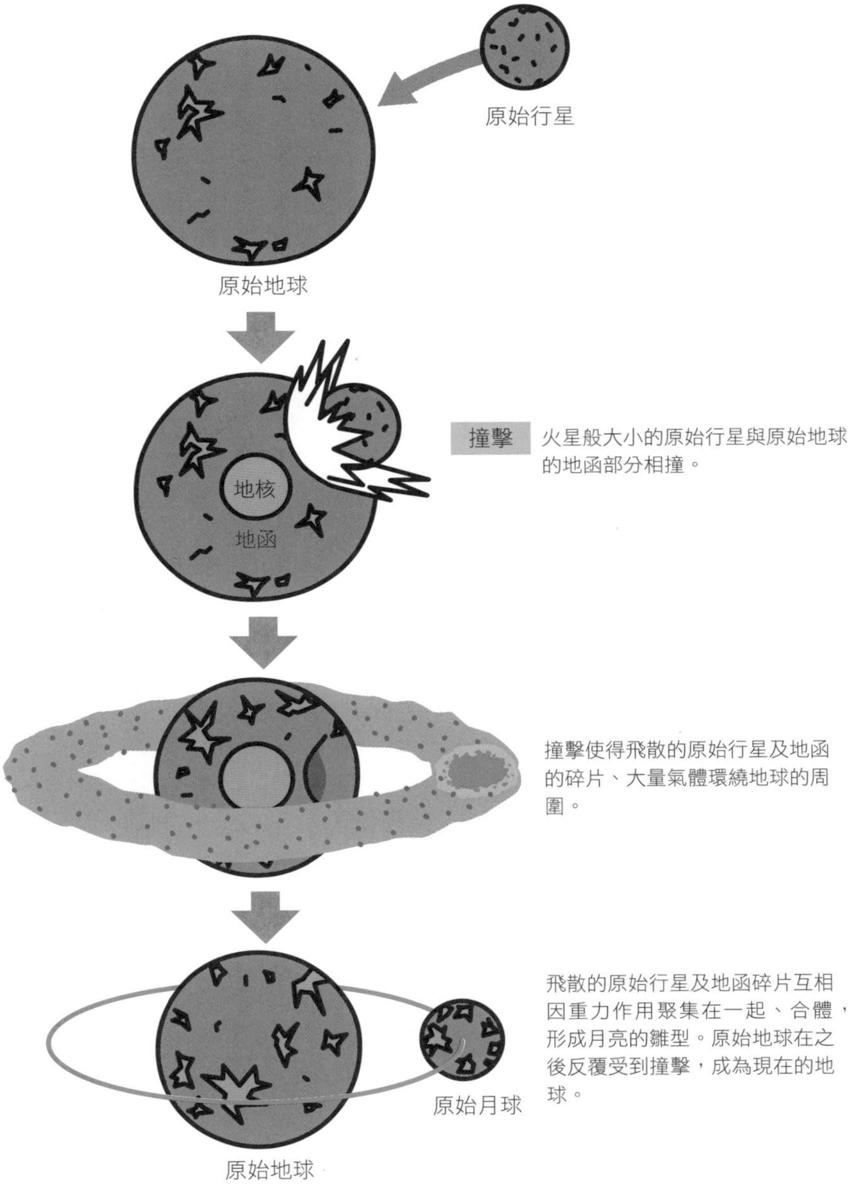
原始行星
原始地球
地核
地函
撞擊
火星般大小的原始行星與原始地球的地函部分相撞。
撞擊使得飛散的原始行星及地函的碎片、大量氣體環繞地球的周圍。
飛散的原始行星及地函碎片互相因重力作用聚集在一起、合體，形成月亮的雛型。原始地球在之後反覆受到撞擊，成為現在的地球。
原始月球
原始地球

1975年，亞利桑那大學行星科學研究所的唐納德．達韋斯（Donald R. Davis）和威廉．哈特曼（William K. Hartmann）提倡的「大碰撞假說」，認為地球和月亮的關係是這樣形成的。

4 地球上可以孕育生命的環境是怎麼樣的？

有液態水存在是生命棲息的條件

第16頁曾提到地球內部形成了「地核」和「地函」，地表則為「海」「大氣」「地球磁場」所覆蓋。**38億年前原始地球所形成的這個舞台，可說是讓地球得以孕育生命的完備環境系統。**

融成糊狀的鐵聚集在地球中心部分而形成「地核」，因為會流動而產生電流，電流則生成了「地球磁場」，磁場則可以阻斷對生物有害的太陽風一類的東西。

順帶一提，現在的地球有著固態鐵形成的「內地核」，以及融化的鐵構成的「外地核」，透過外地核的鐵流動，地球磁場得以維持。

此時的「大氣」含有大量二氧化碳等溫室氣體，所以地球表面的水不會結凍，而是以液態方式存在。**事實上，液態水是生命得以棲息的絕對條件。**

「海洋」發揮的角色是將熱能從被太陽加溫的赤道附近，運送到不易加溫的極地區域，使得地球整體可以均衡地保持溫暖。

「地函」會因為「地核」的熱度而像是浴缸裡的熱水一樣，緩緩地加熱浮起，再冷卻下沉，反覆發生地函對流。

在這過程中，也因為「海底熱泉」（參照第25頁）等，讓可做為生命能量來源的物質不斷地被製造出來，此外，透過地函對流也漸漸形成了陸地。

正是因為這些要素縱橫交錯在一起，才使得地球能成為「孕育生命的搖籃」吧。

地球的地函對流

上古的地函對流

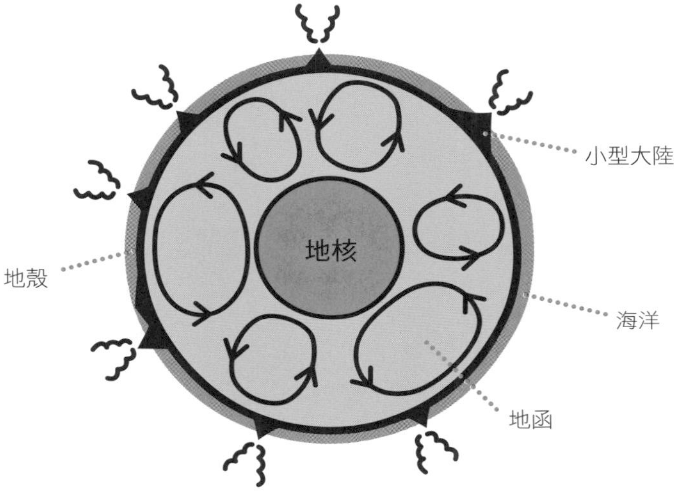

一般認為上古地球的地函層因為高溫地核的熱度，而像是浴缸中的熱水一樣，緩慢地沸騰上升，冷卻後下沉，進行對流。

現在的地函對流

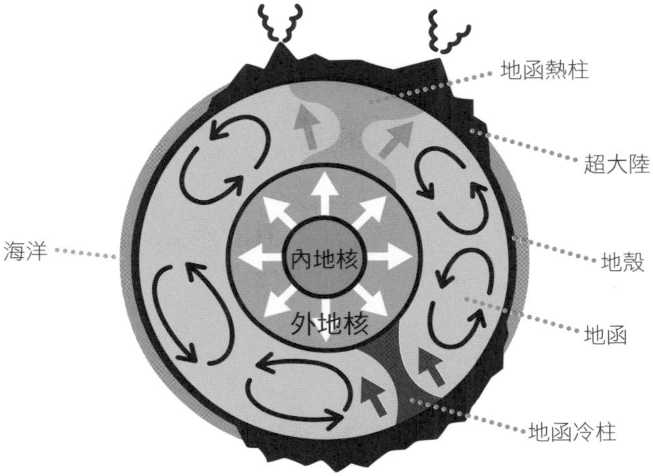

現在的地球內部分為內地核及外地核，還有地函層，地函層的地函熱柱和冷柱會發生熱對流運動。

用語解說

- 地球磁場……地球周圍產生的磁場，就像是巨大磁鐵形成的一般。

5 地球為什麼會成為有生命的行星呢？

地球和太陽保持的絕妙距離孕育了生命

就現在人類的所知範圍，地球是全宇宙唯一有生命存在的天體。

這裡所說的生命，不僅是具有智慧的高等生物，還包括細菌等微生物。

成為有生命的行星最重要的條件是「擁有液態水」。

而為了**維持生命所需，也需要其他各種化學反應**。液態水就具有被稱為氫鍵的特殊性質。

氫鍵是可以將分子鬆鬆地連結在一起的化學作用，也成為維持生命活動所需的化學反應發生場所。

就算只看太陽系的行星，表面覆蓋大量水體的也只有地球。所以地球被稱為「水的行星」。

水在一大氣壓的環境中，只有在介於0度到100度的氣溫下可以維持液態。而正因地球和太陽維持了恰到好處的公轉軌道半徑，使得地球得以具備這樣的溫度條件。

金星比地球稍微離太陽近一點，因為太近而使得表面溫度過高而不存在液態水；而比地球更遠離太陽的火星，表面的水則是結凍了。

像這樣行星表面可以有液態水存在的地區，被稱為「適居帶」（生命可能居住的地帶）。

所以以太陽系的距離來表示的話，如果把地球到太陽間的距離（約1億5000萬公里）稱為1天文單位（1au），則太陽系的適居帶大致上在0.7au（金星的公轉軌道）到1.5au（火星的公轉軌道）之間。

太陽系的「適居帶」

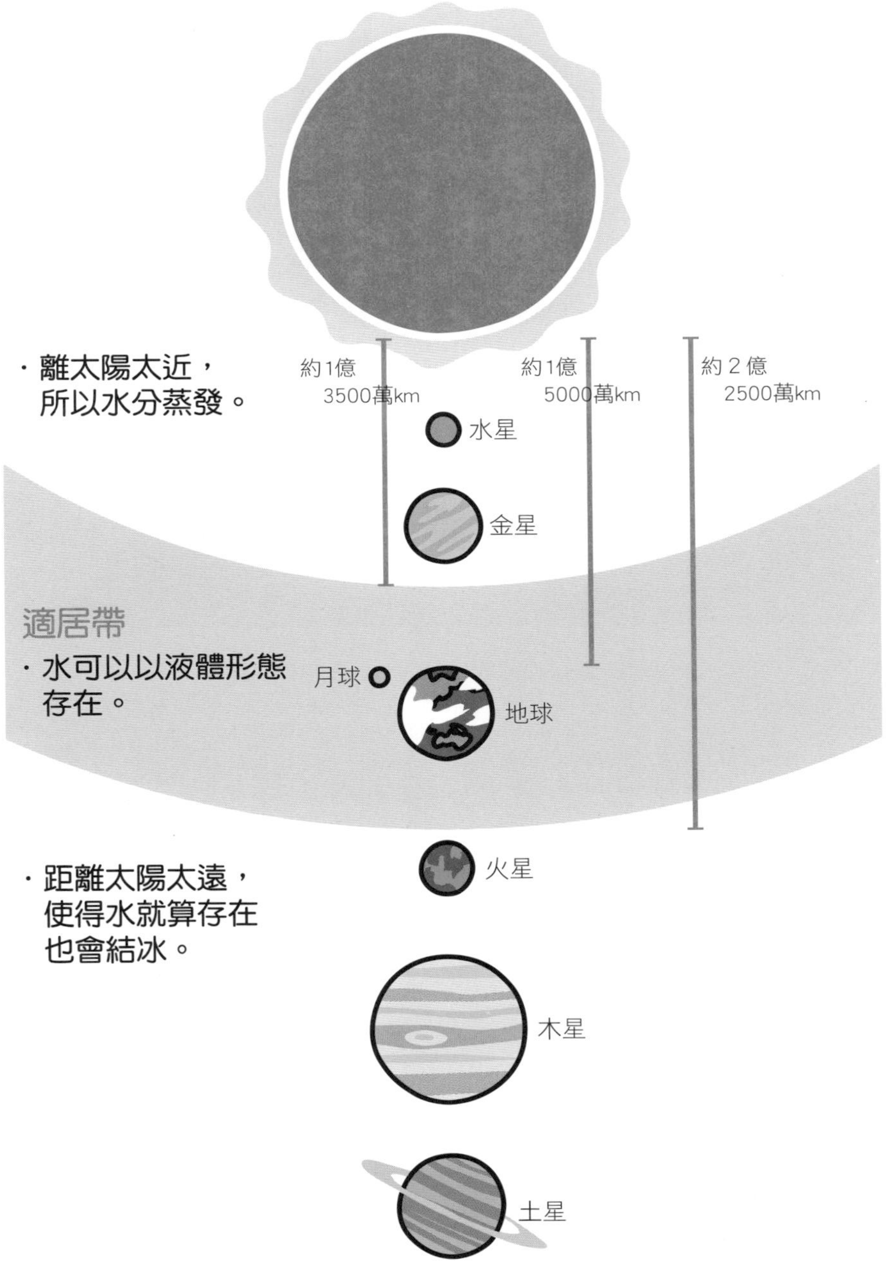

・離太陽太近，
所以水分蒸發。
約1億
3500萬km
約1億
5000萬km
約2億
2500萬km
水星
金星
適居帶
・水可以以液體形態
存在。
月球
地球
火星
・距離太陽太遠，
使得水就算存在
也會結冰。
木星
土星

6 地球生物的共同祖先是住在哪裡呢？

生物的共同祖先生活在海底熱泉附近

大約在35億年前，黑暗的海底有無數個噴出深色渾濁熱水的地方。

這是因為**滲入海底的水會被岩漿的溫度加熱，變成300度以上的熱水而噴發出去，這些地方被稱為「海底熱泉」**。

海底熱泉所噴出的熱水，含有容易產生硫化氫等化學反應的物質，此外，也會將甲烷及二氧化碳等從地下運送到表層。

其中也有可以被生物做為能量來源使用的物質。

另外，根據現在的生物基因研究，被認為類似地球生物共同祖先的微生物中，有很多喜歡熱水環境的種類，就連可以自由生活於滾燙熱水中的微生物都存在。

從以上的現象來看，有一說認為海底熱泉的熱水中，有初期地球能供給生物做為「飼料」的物質，而生物的共同祖先就居住在此。

雖說如此，但在超過300度熱水的環境中，因為溫度過高，所以DNA及蛋白質等複雜的有機物是沒有辦法合成的。

但是一般認為，海底熱泉的周圍也有許多孔洞噴出溫度較低的「溫水」，**在那裡有著可以形成複雜有機物等各種化學反應的可能性**。

最初的生命是何時、如何誕生的呢？目前還有許多未知的謎。

很難想像單純的化合物，是如何一下子變成擁有複雜構造的細胞。

但是地球的某處確實誕生了最初的生命，所以才會有我們存在。我們可以期待距離這個謎團的解開，又小小前進了一步。

海底熱泉的機制

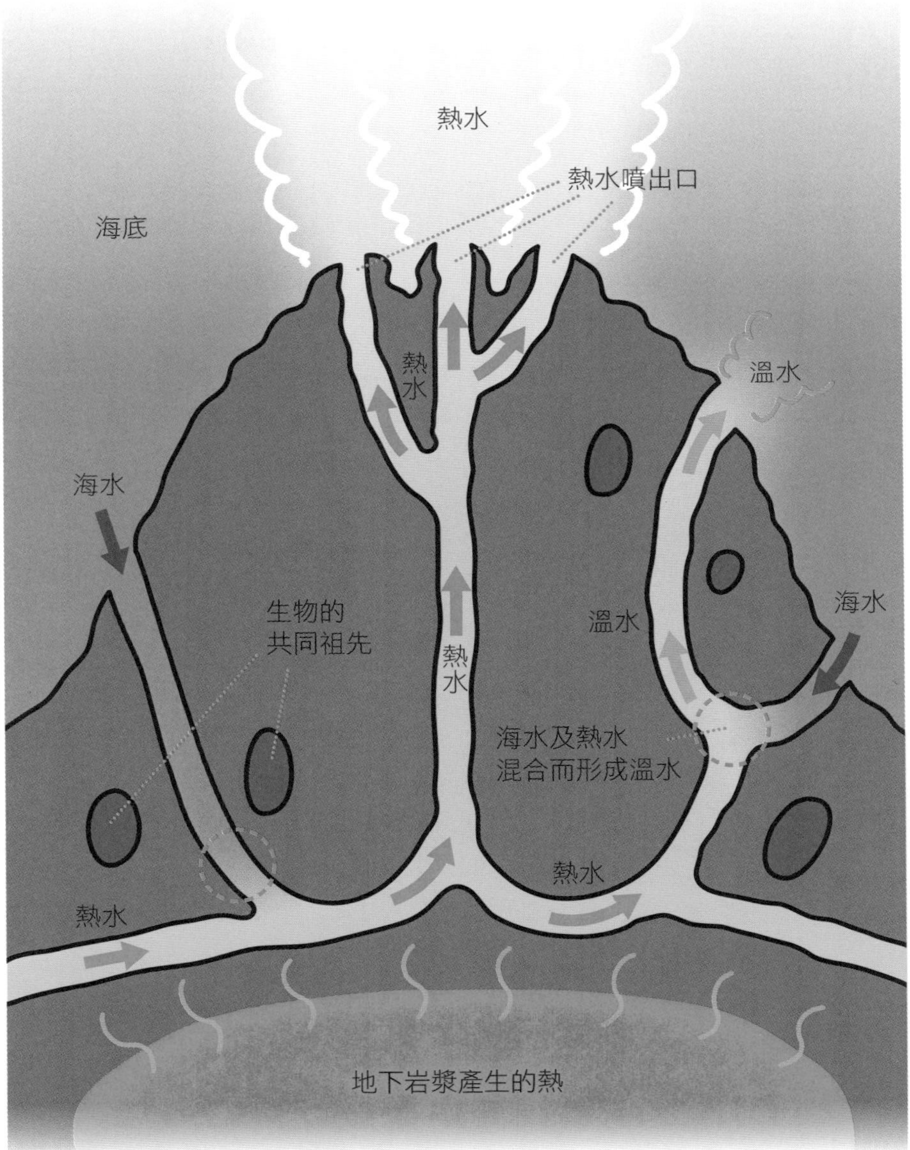
熱水
熱水噴出口
海底
熱水
溫水
海水
生物的
共同祖先
熱水
溫水
海水
海水及熱水
混合而形成溫水
熱水
熱水
地下岩漿產生的熱

海水會滲到海底下數公里的深處，接觸到岩漿上方的熾熱玄武岩而被加熱成高溫狀態，此時，熱水跟玄武岩間會產生許多化學反應，形成氫離子及硫化物離子、甲烷、二氧化碳、金屬離子等。含有這些物質的熱水會上升，從海底熱泉噴發進海水裡。

7 以前地球曾經覆蓋在冰底下是真的嗎？

二氧化碳掌握著全球結冰的關鍵

目前的有力說法是，從現在往回推約22億2000萬年前，還有7億年前及6億5000萬年前，**地球經歷了嚴酷的冰河期，整個地球被包覆在1000公尺厚的冰層底下**。

這就是「雪球地球假說」。

地球凍結的契機，一般認為是因為大氣中二氧化碳的減少。

超大陸分裂後產生了新的海洋，海洋侵蝕陸地使得地球上的海洋愈發增加，而這些海的水分成為雨水來源，並因此吸收了空氣中的二氧化碳。

溶解二氧化碳的酸雨，使得岩石中的鈣等成分被溶解出來，隨即變成碳酸鈣而沉積到海裡。

一般認為就是因為大氣中的二氧化碳像這樣急速減少，而二氧化碳又是能讓地球加溫的溫室氣體，使得地球急遽變冷。

一旦冰蓋從極地區域開始擴張，則白色的冰跟暗色的海水相比，會反射更多的太陽能。

這會使**氣溫下降，並導致讓地球整體結冰的「失控冷卻」**。

那麼，結冰的地球是如何再度升溫的呢？

就算地球的表面完全結凍，但內部擁有絕對不會冷卻的液態金屬地核。這些地熱緩緩加熱海水，扼止了冰層繼續蔓延。

另外，一般也認為火山從冰層中冒出來繼續活動，則守住了微生物的生命，使得他們能持續吐出讓地球再度變暖所需的二氧化碳。

雪球地球假說

1 二氧化碳的減少使得溫室效應變弱

大氣的作用是讓二氧化碳、甲烷及雲等可以不讓地表的熱能逸散到外太空，這被稱為溫室效應。但是不知為何二氧化碳減少，使得溫室效應的作用也變弱了。

2 地球從北極、南極開始慢慢結冰

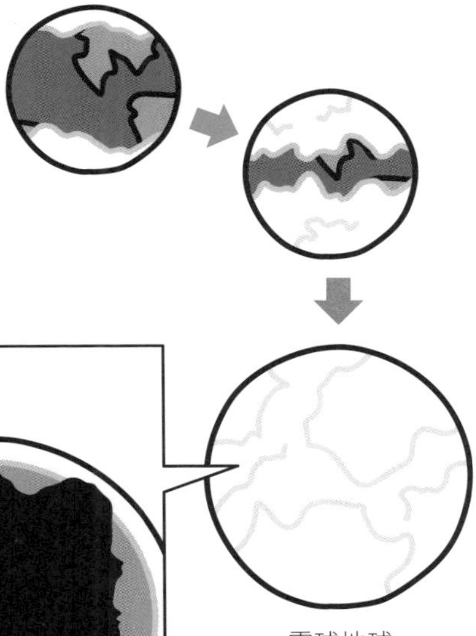

雪球地球
（全球結冰）

地球從北極及南極開始緩緩結凍，就連最溫暖的赤道都被冰層覆蓋，一般認為陸地上大約結了3000公尺厚的冰，海中的冰則深達1000公尺。一旦整體結冰後，地球就愈來愈冷。

●生物在深海及海底火山的地方繼續生存

細菌這類微生物在因地熱而沒有結冰的深海及持續活動的海底火山繼續生存。

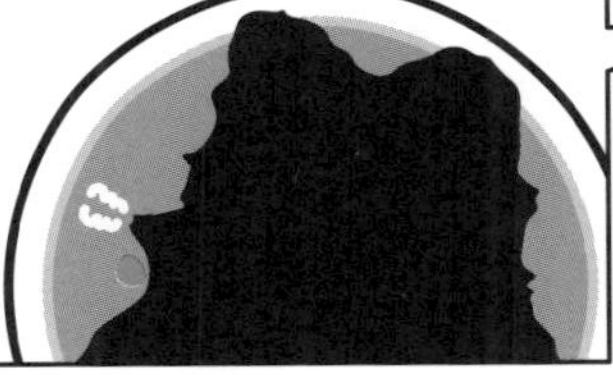

3 海底火山噴出二氧化碳，融化了冰

就算地球變成雪球狀態，但海底火山還是持續釋放二氧化碳，而因為地表的冰無法吸收二氧化碳，大氣中的二氧化碳就此增加，並讓溫室效應逐漸恢復，就這樣漸漸融化了地表的冰。

8 地球的末日會是怎樣的呢？

地球上的生物會在25億年後迎來滅絕的危機

最後，我們來試著想想地球的未來吧！掌握地球未來關鍵的是太陽。

一般認為太陽的壽命約有100億年，大約再50億年後將會進入末期。這樣一來，太陽就會開始「紅巨星化」而膨脹（參考第70頁）。這使得太陽表面積擴大，亮度及熱度增加，而釋放的能量整體也會變多。

其結果是太陽系的行星可能會被剝除、吹走大氣層。

當然，地球的氣溫也會上升。

隨著大氣中的水蒸氣增加，二氧化碳會減少，這使得植物減少，動物也無法繼續生存下去。

一般認為25億年後地球的氣溫會達到100度以上，地球上所有的生物都會滅絕。

而太陽會膨脹到現在的200倍大，地球也會被太陽給吞沒。

只是太陽的內部構造還有很多我們不知道的部分，所以現階段要預測太陽未來的狀況是很困難的。

事實上，也有些說法是地球不會被太陽吞沒。

另一方面，銀河系本身也被認為會跟仙女座星系撞擊、合體。

用電腦模擬後會發現兩個星系將在約40億年後撞在一起，再花上20億年後會合併。如果是正面撞擊的話，推測應該會形成一個巨大的橢圓星系。

但是星系之間就算發生衝撞，星球與星球之間的距離也離得很遠，所以一般認為不會發生行星之間的碰撞。

地球末日的預想圖

現在的太陽
大概還會持續
50億年不變。

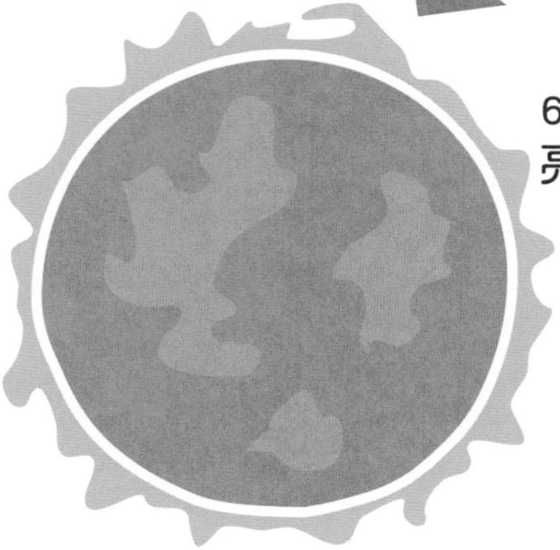

60億年後
亮度會變成現在的2倍。

地球的氣溫會
達到100度以上

一般認為太陽的亮度及熱度都會增加，使地球的氣溫達到100℃以上。

光、熱等輻射能量
也會增加！

大小會膨脹到現在
的200倍以上！

急速膨脹的太陽會變成現在的200倍大，並吞沒地球。

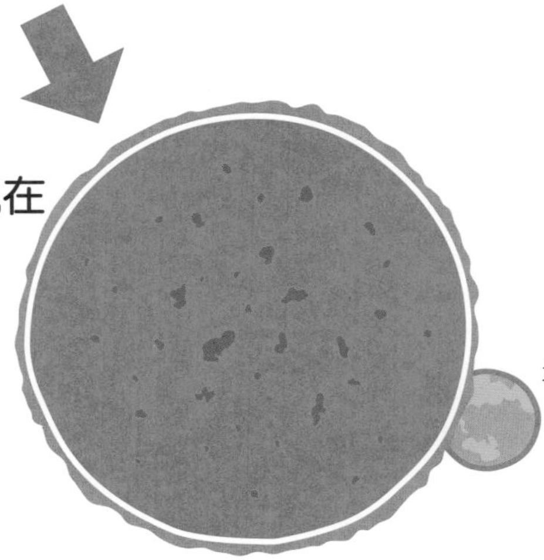

捕捉到了從約1億3000萬光年的彼端傳來的重力波！

2017年10月，歐洲的觀測團隊發表了初次檢測到中子星之間合體產生的重力波。

比太陽質量大了數倍的星體如果結束其一生，就會發生巨大的爆炸，其後誕生的就是中子星。

而重力波指的是像中子星這類質量大的天體移動時，其天體的重力產生的「空間扭曲」，會像水波那樣擴散開來的現象。

在初次觀測到重力波的報導之後，根據日美歐的天文台觀測，從發出重力波的中子星捕捉來的光，可以看出中子星合體的痕跡，這個天體是有1億3000萬光年遠的「長蛇座星系NGC4993」。

這是世界首次透過光及重力波，捕捉到重力波來源，可說是天文學劃時代的大事件。

另外，中子星合體的過程中，也確認會大量合成出比鐵更重的元素，如金及鉑等。

這對於解開元素在宇宙空間被合成的過程也有助益。

至今也觀測到4次黑洞合體時產生的重力波。

第一次觀測到黑洞重力波是在2016年，距離地球13億光年遠的地方有個比太陽大26倍、質量大36倍的黑洞發生合體現象，其發出的重力波約有3個太陽的分量，一部分也傳到了地球。

對這項發現有所貢獻的學者們，在2017年時獲得了諾貝爾物理學獎。

2017.08.18-19

2017.08.24-25

NAOJ/Nagoya University

照片來自日本的重力波觀測團隊，內容是重力波來源發生消光現象的樣子。上圖是2017年8月18、19日，而下圖是同月份24、25日的狀態。當時預測中子星合體會使比鐵還重的金及稀有金屬等元素合成，並產生「R-過程元素」，也可預測到新形成的元素放射性衰變時會放出電磁波（千新星）。可以從照片中看到這次消光因「千新星」而產生強光，其後又漸漸變暗的樣子。

發現離太陽系最近的「地球型行星」！

在南邊天空有著被稱為半人馬座α星，由3顆恆星形成的三合星。這是離太陽系最近的恆星，距離太陽系4．24光年，在廣大的宇宙中可說是極近的距離。

2016年夏天，在3顆恆星中的其中一顆「比鄰星（Proxima Centauri）」周圍發現了圍繞著它的行星「比鄰星b」。

「比鄰星（Proxima Centauri）」名字的由來就是「距離半人馬座最近的星體」的拉丁文。

而這個行星「比鄰星b」，也就是距離太陽系最近的行星。

人類在1996年時就已經猜想「比鄰星」會不會有比木星大10倍的行星，但是在那之後，很長一段時間都沒能確認此事。

近年來，由於觀測技術提升以及有了更多相關大型計畫，確認行星的存在也就變得指日可待。

比鄰星b的重量是地球的1．3倍，距離比鄰星約750萬公里，大約以11．2天的週期繞行比鄰星公轉1周。

比鄰星b特別令人矚目的是表面溫度適中，所以可以有液態水存在。

換言之，人類無法否認地球以外的地方也會有生命存在的可能性。

第2章

天體鄰居·月亮之謎

9 月亮和地球是兄弟嗎？

月球的直徑約是地球的4分之1，事實上，在太陽系的衛星中，相對於行星的大小，沒有第2個像月球這麼大的衛星了。

木星的衛星尺寸大約是地球的27分之1，火星的衛星則是約地球的310分之1左右。為什麼月亮會這麼大呢？關於這點還沒有定論。

長年以來，關於月亮的起源有很多議論，主要的説法有以下3個：

- 母子説（分裂説）……誕生後高速自轉的地球，在赤道附近因離心力而分裂並飛散出去。
- 攣生説（一同成長説）……從微行星成長為原始地球大小的時候，同樣的氣體跟塵埃也形成了月亮。
- 陌生人説（捕獲説）……在其他地方形成的微行星被地球的重力拉了過來。

月亮是行星和地球巨大撞擊後的產物

但是經由計算，可以明白地球的自轉數應該沒有達到微行星表面會分裂出去的程度（母子説），而地球跟月球的內部構造也完全不同（攣生説），而要捕捉星球本身質量81分之1的天體本身就很困難（捕獲説），所以不論哪一個假説都還留有疑點。

此時出現的新學説就是「大碰撞説」（參考第18頁）了。

提倡的人是唐納德・達韋斯（Donald R. Davis）及威廉・哈特曼（William K. Hartmann），他們於1975年提出此學説。

如果月亮是因為行星和地球的撞擊而產生的，一般認為撞擊後吹飛的天體碎片和原始地球的地函層會成為月球的主成分，這也説明了為什麼月球的金屬地核很小。

而這個推測與電腦模擬的情況相符，所以此假説現在被視為是最有力的學説。

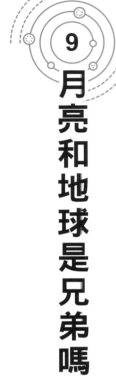

大碰撞說之前被提出的3個假說

母子說（分裂說）

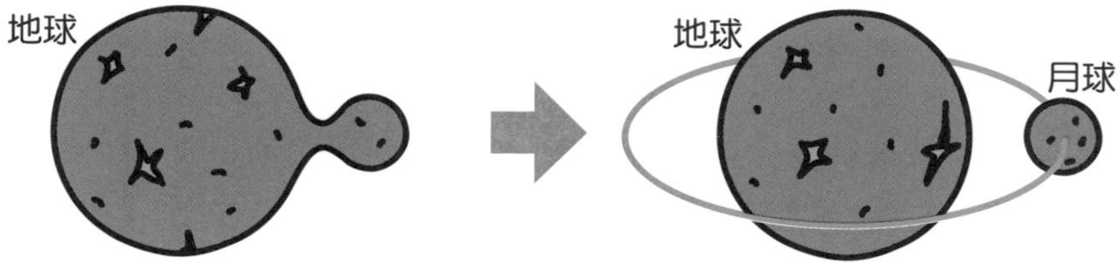

原始地球高溫且柔軟，比現在的自轉速度還要快，所以赤道附近的一部分因離心力而飛散出去。

分散出去的部分漸漸變圓而成為月球。

孿生說（一同成長說）

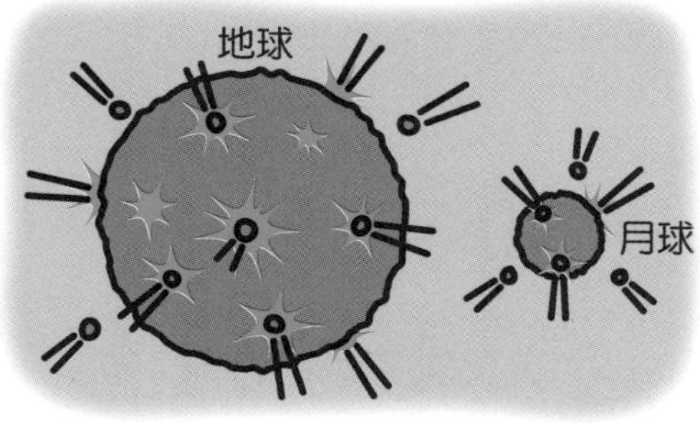

從微行星形成原始地球的同時，同樣的氣體跟塵埃也形成了月球。

陌生人說（捕獲說）

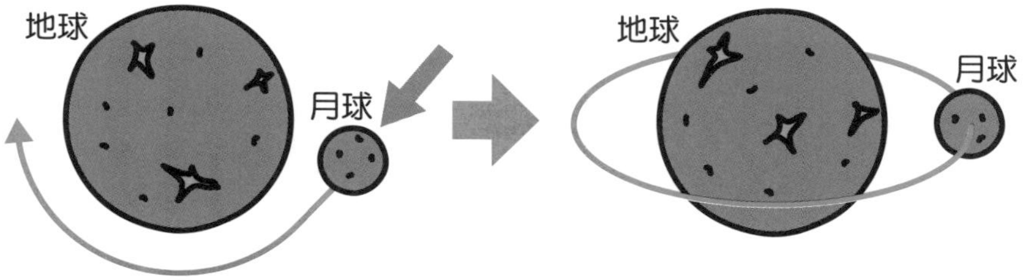

在遠離地球的某處形成的月球，軌道偶然經過地球附近。

受到地球重力吸引而成為衛星。

用語解說

● 衛星……繞著行星或矮行星、小行星的周圍公轉，自然形成的天體。

10 如果沒有月亮的話地球會變得怎麼樣？

地球會因超高速自轉使得生命難以生存

地球與月亮因重力而互相吸引，在旋轉時這個重力也會繼續互相拉扯，產生的離心力則引發海的乾潮與滿潮，這稱為潮汐力（潮汐作用）。

行星及衛星能互相影響到這個程度，太陽系中一般認為只有地球跟月亮而已。

如果沒有月亮，當然就不會有現在地球海洋的滿潮及乾潮，也可能不會是現在這樣充滿各種生命的行星了。

舉例來說，**月亮的潮汐力對減緩地球的自轉速度是有作用的**，如果沒有月亮，一般認為地球會以1天8小時的猛烈速度自轉。

如此一來，地表跟大海都會陷入狂風暴雨狀態，就算生命誕生了，恐怕也不能期待進化成現在的人類這種樣子吧。

另外，地球的自轉軸可以維持一定的傾斜角度，也是因為月球的引力。

地球以自轉軸傾斜約23．4度的狀態，以每週期1年的時間繞著太陽公轉。

如果沒有月亮，就算自轉軸只改變1度，傾斜度也會產生無法預測的變化。

如果沒有月亮，地球的自轉軸會發生不規則的變化，也應該會引發大規模的氣候變動。

因此我們可以認為，正因為擁有月球這唯一的衛星，所以地球上的生命得以誕生。

對人類來說月亮是最親近的天體，月亮的盈缺催生出了曆法，以月亮為舞台的故事也被人們不斷傳述。而人類因為阿波羅計畫終於初次登上月球，月亮也從故事舞台變成了現實中的存在。

潮汐力的運作方式

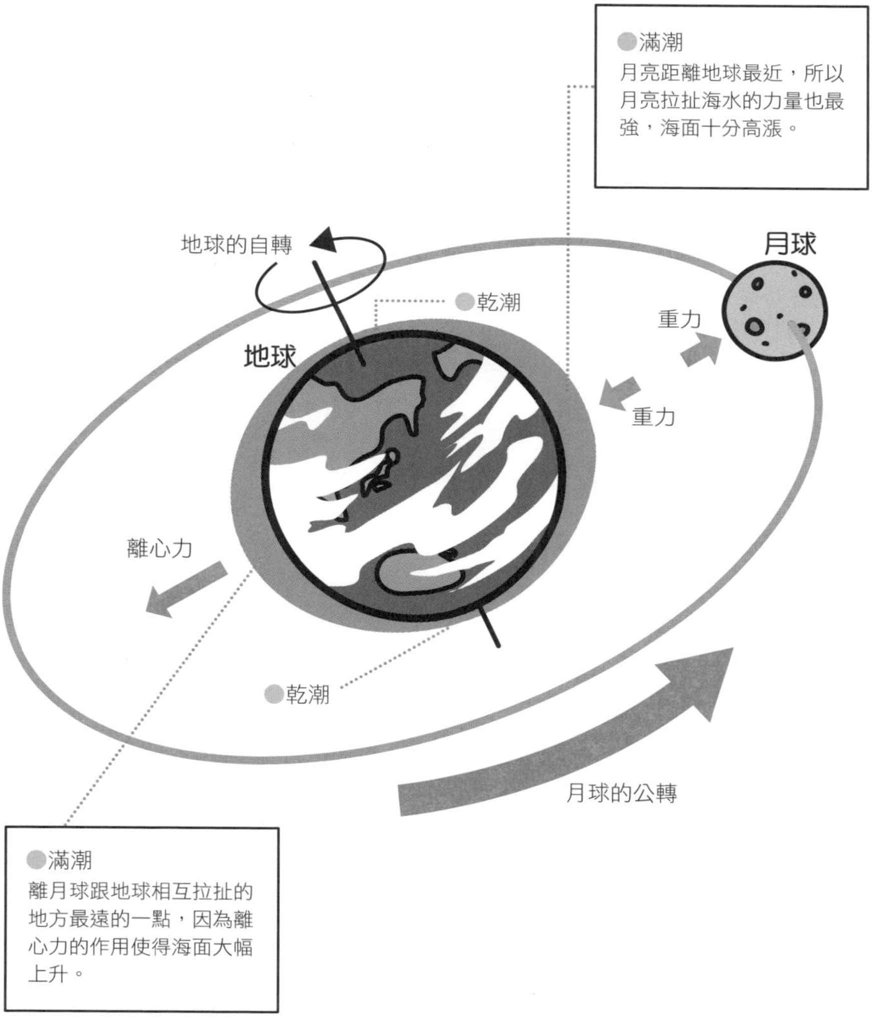
●滿潮
月亮距離地球最近，所以月亮拉扯海水的力量也最強，海面十分高漲。
地球的自轉
月球
●乾潮
重力
地球
重力
離心力
●乾潮
月球的公轉
●滿潮
離月球跟地球相互拉扯的地方最遠的一點，因為離心力的作用使得海面大幅上升。

地球及月亮互相拉扯，這個力量引發了海水乾潮、滿潮。

11 月球正在遠離地球嗎？

以1年3公分的速度逐漸遠離

月亮與地球之間的距離，因為月亮是以橢圓形的軌道環繞地球，最遠的距離約有40萬公里，最近的時候大約也有36萬公里。

順帶一提，距離地球最近時的滿月被稱為「超級月亮」，超級月亮和距離最遠的滿月比起來近了15%，直徑看起來也比較大。

那麼，關於月亮遠離地球這件事，**確實月亮正以每年3公分的幅度逐漸遠離地球**，隨著月亮遠離，地球的自轉及月球的公轉也會變慢。

月球剛形成的時候，地球是以1天8小時的速度在自轉的，但隨著月球遠離，自轉速度也會跟著變慢，變成今天1天24小時的速度，而且，**將來的1天會變得更長**。

實際上，月球遠離後會變得如何，現在已經大致可以推測了。

最後從地球看到的月亮會一直停在同一個地方，在同一個地方周而復始地反覆盈虧，此時地球的自轉大約是47天，也就是1130小時。

雖說如此，但那一天的到來在計算上是100～200億年後的事了。以100年遠離3公尺的速率，現在我們還活著的期間是不會發生什麼大事的吧！

當然，遙遠的未來這將會對地球上的生物，包含人類產生重大影響也說不定。

但是這些變化是緩慢進行的，地球上的生命難道不是配合這些變化，逐漸適應並演化的嗎？

月亮與地球的距離

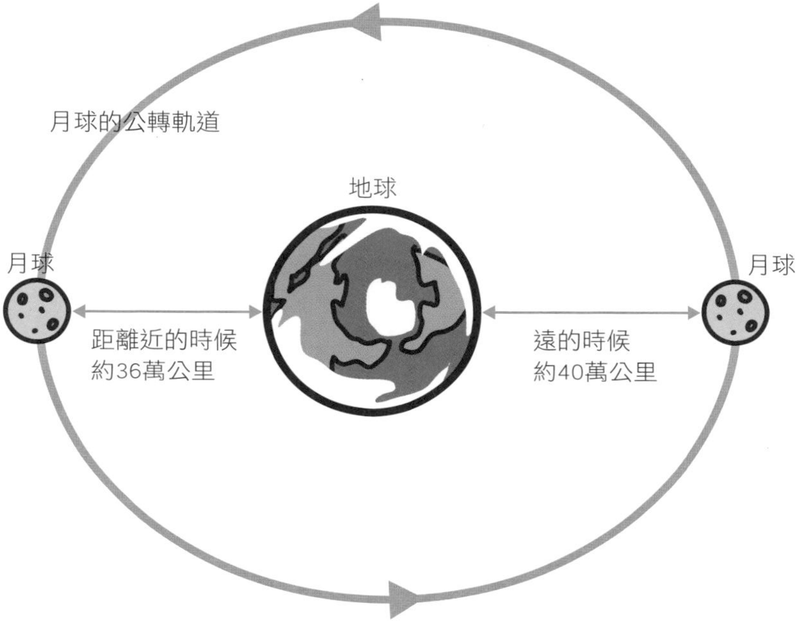

從地球到月球的距離平均約38萬公里。月球的公轉軌道是橢圓形的，所以遠和近距離會有所不同。

2017年最大滿月的圖像及最小滿月的圖像並列後，可以發現同樣是滿月，大小也有這麼大的差別。

12 月亮上的隕石坑是如何形成的呢？

有力說法是微行星大量撞擊而產生的

如果看月球表面的照片，會發現有圓形的凹洞，那就是隕石坑。

其實，**第一個發現月球隕石坑的人是伽利略．伽利萊**。他以物理學研究出名，但在天文學方面也有很多貢獻。

1609年，他用自製的望遠鏡來觀察月亮，結果發現月亮不是像水晶那樣光滑的球體，而有著無數的山或凹谷。

那麼，月球的隕石坑又是怎麼形成的呢？

關於這個，從古至今有2種主要論點。一說是火山的火山口，另一說是月球表面遭天體撞擊形成的。

讓這個爭論劃上句點的，是美國透過阿波羅計畫登陸月球探查的結果。

根據從月球帶回來的岩石成分分析，可以發現有激烈撞擊留下的痕跡。這使得衝擊起源的說法有了不動如山的證據。

一般認為天體以超音速撞擊月球表面後，那個撞擊力道及熱度會使月球表面融成糊狀，外緣隆起，而內側融化的地面則在平坦的狀態下凝固。

根據撞擊的天體質量及撞擊速度，隕石坑的大小也會有所不同。從直徑200公里的大型隕石坑到直徑幾公里以下的，總數約有數萬個。

調查結果顯示，可觀察到許多隕石坑的月球高地，大約是40億年前左右的古老地質，**從40億年前到38億年前左右，有段時期有無數天體激烈撞擊月球，推測是當時形成了這些坑洞。**

月亮上形成大隕石坑的方式

微行星（隕石）撞擊月球表面。

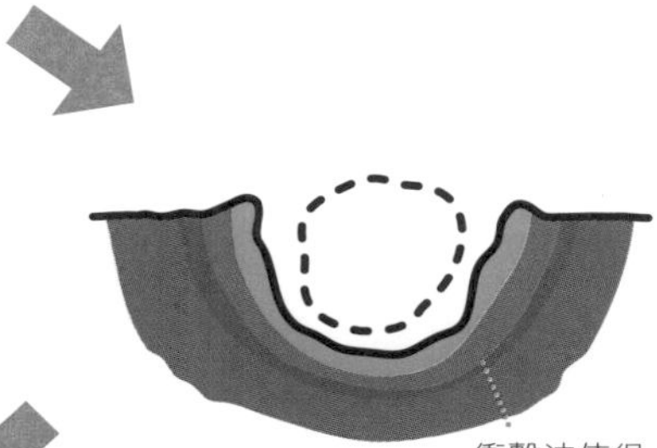

微行星融化後發生衝擊波，使得
周圍融解。

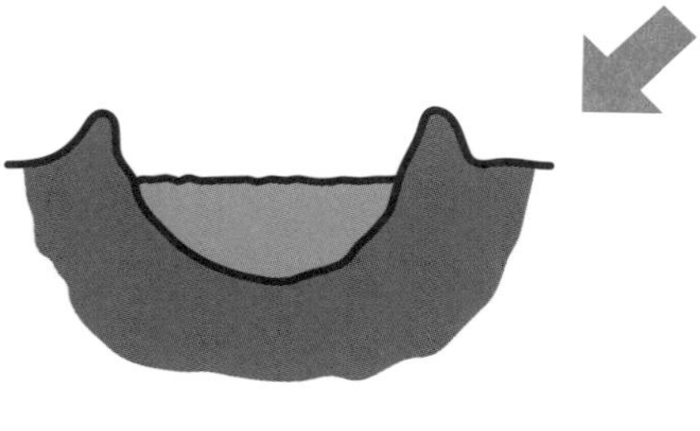

外緣隆起，凹洞內側融化的地面
則變得平坦，形成隕石坑。

●月球的隕石坑

1969年，月球軌道上的阿波羅11號所觀察到的隕石坑「戴達羅斯（Daedalus）」。這個坑差不多位於月球背面中央的位置，直徑約93公里，深度約3公里。有些提案是未來想將巨大的電波望遠鏡設置於此。

NASA

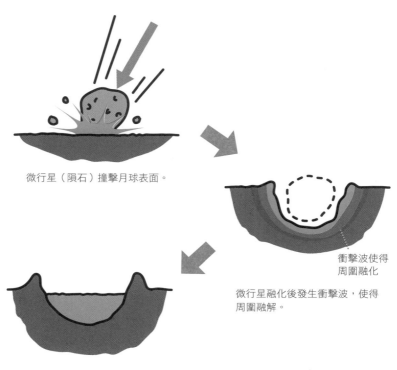

13 「月海」中有水嗎？

雖然名字中有「海」，但是沒有水

用望遠鏡看月亮的時候會看到中間有一片廣大、黑色而平坦的部分。就像是海一樣，所以就被叫做「月海」。

那麼，這些海裡有水嗎？

過去無數的微行星撞擊原始地球，帶來了水分，而月球形成的時間也差不多，應該也同樣被帶來了水分才對。

雖說如此，**但直接搜查月亮的結果，沒辦法在月球表面找到水的存在**。

月球幾乎沒有大氣，被太陽照射後日間氣溫會達到100度，而太陽照不到的夜晚則是負170度，溫差非常劇烈。

所以液態水無法持續存在，就算曾經有水存在，也會直接由冰昇華成氣體消失在太空中了吧。

那麼「月海」是如何形成的呢？

隕石的撞擊造成許多隕石坑，若是巨大天體撞擊了附近的地面，使得月球內部的地函物質噴出，這些熔岩就會流入相連的隕石坑窪洞中。

而熔岩凝固後就變成了「月海」。

「海」之所以看起來是黑色，是因為由較黑的玄武岩地質的岩漿所覆蓋。

在月球表面上存在著許多大大小小的「月海」，月球表面上最大的海「風暴洋」，其直徑超過2500公里。

月球本身的直徑大約為3500公里，由此就能了解這究竟有多大了吧！

被人類發現的「月海」都各自被命了名。

月海的形成

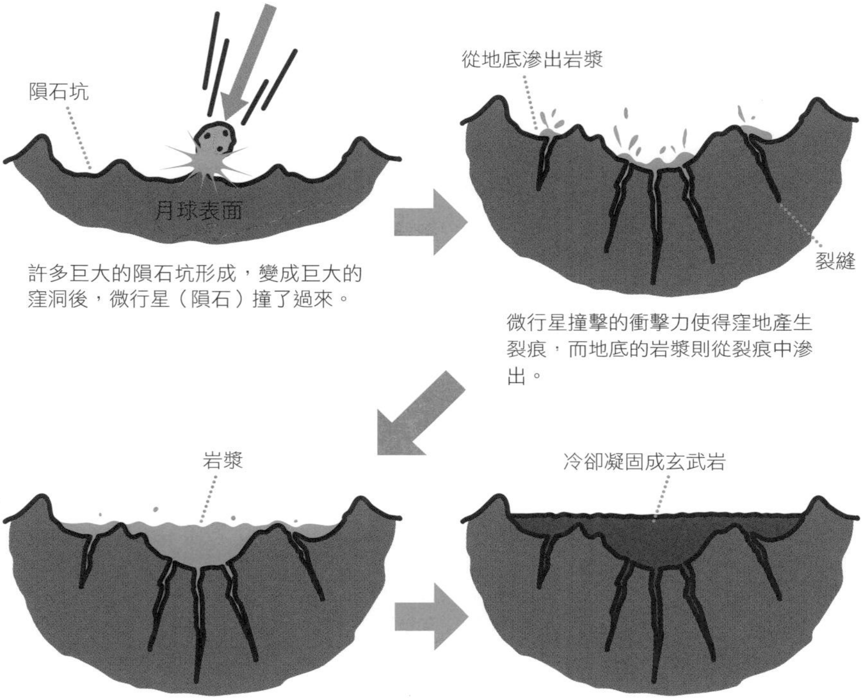
隕石坑
月球表面
從地底滲出岩漿
裂縫
岩漿
冷卻凝固成玄武岩

許多巨大的隕石坑形成，變成巨大的窪洞後，微行星（隕石）撞了過來。

微行星撞擊的衝擊力使得窪地產生裂痕，而地底的岩漿則從裂痕中滲出。

從地底滲出的岩漿在窪地中聚集。

變成熔岩的岩漿埋沒了窪地，變得平坦後凝固，形成黑色的玄武岩。

●月海

位於月球西側的廣大月海「風暴洋」，直徑達到2500公里。

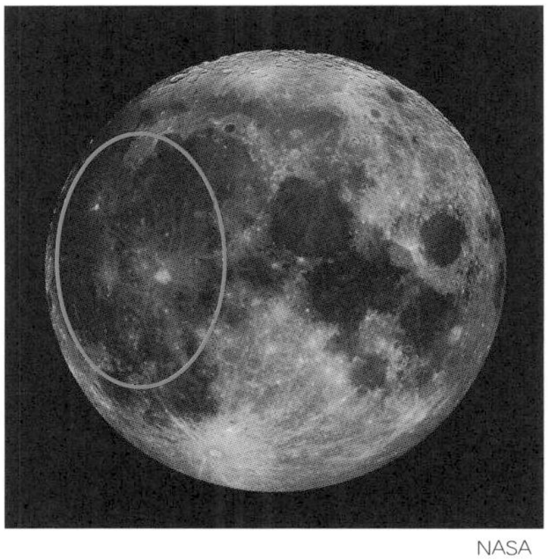

NASA

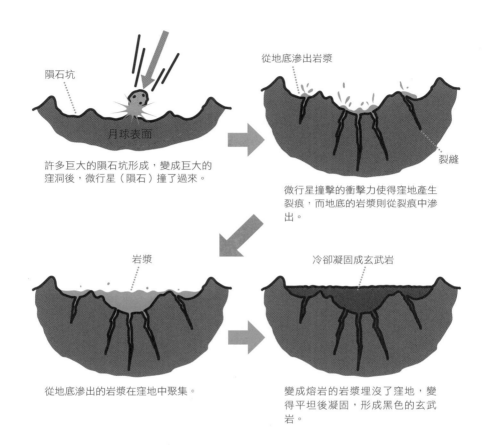

14 阿波羅真的登上了月球嗎？

雖然有都市傳說認為他沒登上月球……但他真的去了！

美國與蘇聯的太空競賽重大成果

從1957年左右開始，**當時處於冷戰狀態的美國及舊蘇聯（現俄羅斯）之間，進行了激烈的太空開發競賽。**

其中關於月球的調查，舊蘇聯在1959年發射了月球探測器「月球1號」，開啟了「月球計畫」。

這個計畫是第一次有人工製造的東西抵達月球表面，成功初次拍攝了月球的背面，以及第一次在月球軟著陸成功。

另一方面，美國也從1961年開始「遊騎兵計畫（Ranger Program）」，發射了9架月球探測機，希望能扳回一城。

其後，美國也開啟前往其他天體的載人太空計畫，那就是美國的「阿波羅計畫」。

1969年7月20日，阿波羅11號總算跨出了人類在月球上的第一步。

以此為開端，美國到1972年為止成功進行了6次的人類登陸月球。

其成果是得以運回共計400公斤左右的土壤及岩石，而由於設置在月球上的實驗裝置及觀測機器，使得月球的科學研究得以有很大的進展。

順帶一提，對於這些成果，**媒體也有一番騷動**，認為阿波羅計畫全部都是美國捏造的謊言，**其實人類根本沒有到過月球，這就是「阿波羅計畫陰謀論」（Moon Hoax）**。

同時也提出了一些疑問，例如「月球上沒有大氣，但是星條旗卻隨風飄揚」「空中沒有拍到任何星星」等。

美蘇的月球探測計畫競賽年表（1959～1972年）

1959年	9月12日	月球2號	蘇聯	撞上月球「澄海」（1959/09/14）。
1959年	10月4日	月球3號	蘇聯	通過月球附近，成功拍攝月球背面。
1963年	4月2日	月球4號	蘇聯	自距離月球8500公里處通過。
1966年	1月31日	月球9號	蘇聯	著陸於月球「風暴洋」（1966/02/03）。
1966年	5月30日	測量員1號	美國	著陸於月球「風暴洋」（1966/06/02）。
1966年	12月21日	月球13號	蘇聯	著陸於月球「風暴洋」（1966/12/24）。
1967年	4月17日	測量員3號	美國	著陸於月球「風暴洋」（1967/04/19）。
1967年	9月8日	測量員5號	美國	著陸於月球「寧靜海」（1967/09/11）。
1967年	11月7日	測量員6號	美國	著陸於月球「中央灣」（1967/11/10）。
1968年	1月7日	測量員7號	美國	著陸於月球「第谷坑」（1968/01/10）。
1968年	9月14日	探測器5號	蘇聯	繞月球一周後回到地球，有動物搭乘。
1968年	11月10日	探測器6號	蘇聯	繞月球一周後回到地球。
1968年	12月21日	阿波羅8號	美國	繞月球一周後回到地球，載人。
1969年	5月18日	阿波羅10號	美國	繞月球一周後回到地球，載人。
1969年	7月16日	阿波羅11號	美國	著陸於月球「寧靜海」（1969/07/20），載人。
1969年	8月7日	探測器7號	蘇聯	繞月球一周後回到地球。
1969年	11月14日	阿波羅12號	美國	著陸於月球「風暴洋」（1969/11/19），載人。
1970年	4月11日	阿波羅13號	美國	發生事故，繞月球後回到地球，載人。
1970年	9月12日	月球16號	蘇聯	著陸於月球（1970/09/20），帶回樣品（無人）。
1970年	10月20日	探測器8號	蘇聯	繞月球一周後回到地球。
1970年	11月10日	月球17號	蘇聯	著陸於月球「雨海」（1970/11/15），使用月球車1號（無人月球車）。
1971年	1月31日	阿波羅14號	美國	著陸於月球「弗拉．毛羅環形山」（1971/02/05），載人。
1971年	7月26日	阿波羅15號	美國	著陸於月球「亞平寧山脈」及「哈德利谷」之間（1971/07/30），載人，使用月球車。
1972年	2月14日	月球20號	蘇聯	陸於月球「豐饒海」（1972/02/21），帶回樣品（無人）。
1972年	4月16日	阿波羅16號	美國	著陸於月球「笛卡爾環形山」南部（1972/04/21），載人，使用月球車。
1972年	12月7日	阿波羅17號	美國	著陸於月球「陶拉斯－利特羅山谷」（1972/12/11），載人，使用月球車。

※摘錄自「月球探測報導站」https://moonstation.jp/

上述是從1959年蘇聯發射「月球2號」開始，到美國最後發射「阿波羅17號」為止的美蘇探測月球主要年表。兩國都是1年裡發射好幾架火箭，爭相想要探測月球。拜此所賜，月球的許多謎團才能解開。

用語解說

- hoax……英文「騙局」「捏造」的意思。

但是，星條旗是因為旗桿在插入月球表面時的反動，所以才會飄揚。並且因為真空環境下沒有空氣的阻力，所以東西會比在地球上運動地更順暢。

另外，關於星星，照片拍攝時間是月球的白天，因為太陽光照射而發光的月球表面會使得星星無法被拍攝到。

阿波羅帶回了定案月球起源的伴手禮

那麼，換個角度，我們舉幾個阿波羅曾到過月球的證據吧！

當時，**阿波羅太空船的發射過程是在全世界的矚目下進行的**。全世界的收訊天線、雷達、光學望遠鏡等都追蹤著阿波羅太空船的身影。在這種情況下，很難想像要如何瞞騙過關。

另外，阿波羅太空船從月球帶回來的礦物，完全不含水分。這使月球誕生的其中一個假說「大碰撞說」（參照第18～19頁）成為最有力的假說。

當然，蘇聯也派出了無人探測器，採集到了同樣的礦物。

要是阿波羅計畫真的還留有疑點，那蘇聯應該不需要幫忙掩護礦物的事吧。

實際上，蘇聯也進行了載人月球登陸任務，研發了超大型太空船。但是連續4次發射失敗，計畫也跟著流產了。

然後，阿波羅計畫也在3次任務接力後，終於在月球表面設置了雷射反射鏡。這個鏡子會反射由地球發出的雷射，只要測量光線返回地球所需的時間，就能以精確到公分的單位來測量地球到月球的距離了。

也就是說，只要有某種程度功率以上的雷射發射器，誰都可以進行這個實驗。

順帶一提，**2008年5月，日本的月球探測機「輝夜姬」也登陸了月球「雨海」的哈德利溪月谷中，成功拍攝到了阿波羅15號在登陸時產生的噴射痕。**

阿波羅所拍攝的月球表面照片

NASA

1969年，阿波羅11號進行艙外活動（EVA）時拍攝的。太空人鞋子痕跡的擴大圖，可以知道月球表面是很柔軟的砂地。

NASA

1969年，阿波羅11號的太空人，小愛德溫・E.艾德林在月球表面立起了美國國旗。那時的動畫中國旗飄揚，所以產生了阿波羅計畫是陰謀論的說法。

NASA

人類史上最初登陸月球成功的阿波羅11號太空人所搭乘、在月海「寧靜海」登陸的登月艙「鷹號」。

15 月球對人類來說有什麼魅力呢？

月球可能擁有可解決地球能源問題的殺手鐧

1972年12月，在阿波羅17號後美國的「阿波羅計畫」也結束了。

那之後的40多年來，沒有人類再到過月球。

但是這絕不是因為月球對人類來說不再具有吸引力。

首先要提出的是能源跟資源的問題。**地球上通常只占氦原子中百萬分之一比例的氦-3，在月球的土壤中推測至少存有數10萬噸**。氦-3這種物質，是比一般氦原子輕且安定的同位素，也是核融合反應爐的燃料。**如果有1萬噸的氦-3，可說是能提供相當全人類100年份的能源**。

人們期待可以發展出在月球表面用氦-3發電，產生出的電力轉換為雷射之類的形式並送回地球的技術，如此一來，就能得到安全又大量的能源了。

其他如月球上也有豐富的鋁、鈦、鐵等，如果能在月球上精製這些原料，就可能可以成為有益的原料來源。

接下來值得一提的是只有地球6分之1的重力。

在這樣的重力環境下種菜的話，可能可以種得比地球上來得大。

另外，**不久的將來或許也能享受擺脫重力的冒險之旅也說不定**。

人類現在的技術水準，要建設月球基地是相當有可能實現的。為了人類的永續經營，最初的基石或許就是月球也說不定。

而那或許將會在不久的未來得以實現。

NASA

1972年12月12日，搭乘阿波羅17號的地質學家哈里森・施密特正在採集月球表面樣本的樣子。

月球基地的想像圖

NASA

雖然自阿波羅11號登陸月球後，就萌生許多在月球表面建設基地的想像，但在那之後一度停擺；直到2000年前後，各國又重燃建設月球基地的想像。運用以氦-3為首的各種月球礦物資源，或許已經不是遙不可及的事。

16 月亮上真的可以架設巨大望遠鏡嗎？

如果滿足一些條件，月球表面是可以蓋天文台的

月球對人類來說不只是有實質利益，在科學上也有難以衡量的價值。

月球的環境本身對於天文學等各種科學研究來說，都提供非常有利的環境。

舉例來說若是天文學，就有以下幾點好處。

月球上因為沒有磁場，所以也沒有電離層。另外，來自地球的人工電磁波也會被月球本身給遮擋住，**所以沒面向地球的月球背面非常平靜，沒受到電磁波干擾，是建造電波望遠鏡的理想場所**。

更不用說，因為月球上沒有大氣，所以星星發出的光也不會中途就被吸收，或是被擾亂，能直接傳到月球表面。如果在這裡設置光學望遠鏡，應該可以發揮最大的功效。

月球重力只有地球的6分之1，也不需要保護望遠鏡不受風雨侵襲，一般認為可以建造出構造簡單的巨大望遠鏡，維修成本應該也可以很低。

再更進一步地說，因為月球自轉週期的關係，夜晚會持續14天，所以可以持續觀測。

此外，因為地盤穩定，要是在隕石坑鋪上板子，就可以變成直徑數10公里的巨大碟形天線。

但前提是月球要先蓋好基地，也要能將機器搬運到月球上，天文台能運作無礙才行。

如果達到這些條件，實現「月球天文台」的話，不知道可以增加多少對宇宙知識的了解呢！

NASA/JPL/USGS

離地球最近的月球上，不只是有資源，以科學研究來說也是樂趣無窮的天體。

月球的環境比地球更適合觀測天文，因此，在月球背面設置電波望遠鏡的「月球天文台」構想，才會不斷地發展。

17 太空電梯是怎樣的交通工具呢？

是一種代替火箭的太空交通系統

現在太空探索的主力交通工具是火箭。但是**若人類想要更接近宇宙的話，就需要發展可以代替火箭的新太空交通系統**。

而在這個議題上，最受矚目的就是「太空電梯（軌道電梯）」了。

或許大家會覺得這只是科幻作品的構想。

但是，**自1991年發明了擁有鋼20倍強度的劃時代材料「奈米碳管」以來，太空電梯構想的相關討論就不斷加速。**

根據日本的建設公司大林組的構想，推測在2050年可以完成。

那麼，太空電梯究竟是怎麼樣的東西呢？

氣象觀測用衛星大約是發射到赤道上空，高度約3萬6千公里處，它以跟地球自轉1周同樣的速度在地球周邊公轉，所以從地球看起來彷彿是靜止一般，這個稱為「地球同步衛星」。

太空電梯指的就是以地球同步衛星做為航站，並使用奈米碳管做的纜線連結到地面，再加上電梯，好能自由往來地面跟航站的交通工具。

和火箭相比，太空電梯比較沒有墜落或是爆炸等危險，而且也不用擔心會汙染大氣。

還在構想階段的太空電梯如果能夠實現，必定能讓太空探索有飛躍性的進展。

而且，這或許會使得人類可能得以造訪月球或是其他更多天體。

太空電梯的想像圖

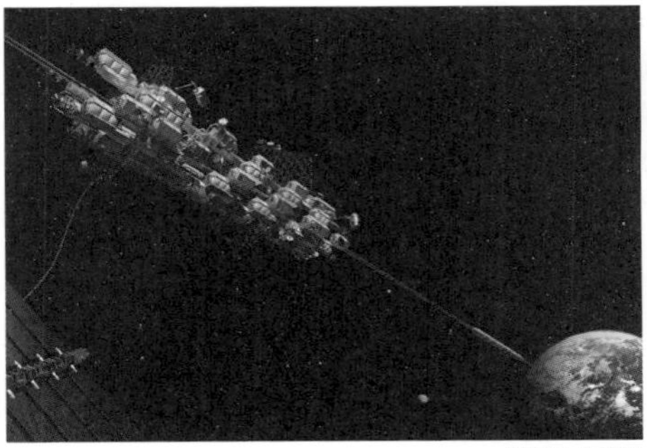

構想：大林組

大林組所構想的太空電梯想像圖

從漂在海上的近地端基地搭乘太空電梯到上空3萬6,000公里處的靜止軌道站。大林組預測可於2050年完成。

大林組的太空電梯構造圖

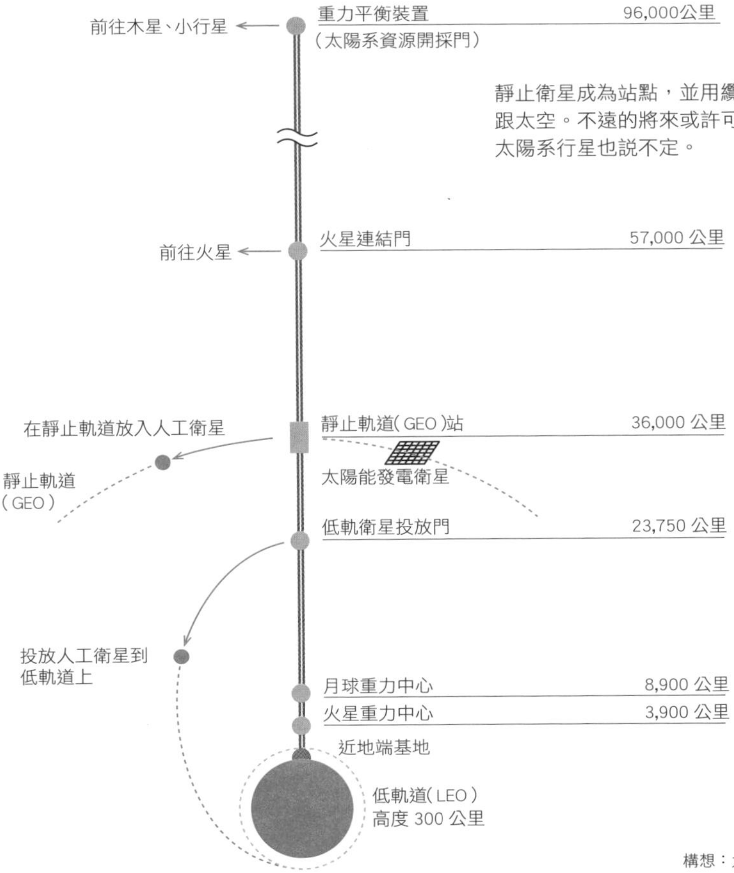
前往木星、小行星
重力平衡裝置
96,000公里
（太陽系資源開採門）
靜止衛星成為站點，並用纜線連接地球跟太空。不遠的將來或許可以輕鬆往來太陽系行星也說不定。
前往火星
火星連結門
57,000 公里
在靜止軌道放入人工衛星
靜止軌道(GEO)站
36,000 公里
靜止軌道（GEO）
太陽能發電衛星
低軌衛星投放門
23,750 公里
投放人工衛星到低軌道上
月球重力中心
8,900 公里
火星重力中心
3,900 公里
近地端基地
低軌道(LEO)
高度 300 公里

構想：大林組

擁有2個衛星的史上最大小行星極度接近地球！

2017年9月1日，有小行星接近到距離地球約7000萬公里的距離。

小行星的名字是「佛羅倫斯（Florence）」。名字是來自19世紀活躍的英國護士佛羅倫斯．南丁格爾。

佛羅倫斯於1981年3月由澳洲天文台發現，這是它1890年來第一次移動到距離地球這麼近的地方。

因為這次接近地球的關係，我們得以知道佛羅倫斯的大小約4．5公里。

過去認為恐龍滅絕的原因是在6550萬年前，有直徑10公里的隕石撞擊地球，而佛羅倫斯的大小約為那個隕石的一半。

如果與地球相撞的話，肯定會引發人類史上未曾有過的大規模災害，所以這次小行星的接近備受矚目。

而且後來還發現佛羅倫斯伴隨著2顆衛星。

衛星各自的直徑也有100～300公尺，位於佛羅倫斯內側的衛星約8小時繞行佛羅倫斯一周，外側的衛星則是22～27小時繞行一周。

迄今有許多小行星接近過地球，即使是現在，也還有60顆左右。

但是這麼大的小行星跑到距離地球這麼近的地方，還是NASA觀測史上的頭一遭。

而帶有2個衛星的小行星接近，也是自2009年初確認的「1994CC」以來的第一次。

NASA/JPL

小行星佛羅倫斯（圓內）及其軌道，以地球來說，其距離相當於地球到月球距離的18倍，也就是接近到距離只有700萬公里的地方。這是小型望遠鏡也可以觀測得到的距離。

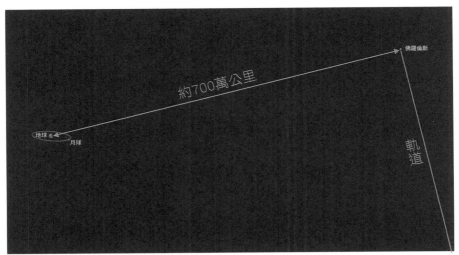

NASA/JPL/Space Science Institute

土星的衛星恩克拉多斯上可能有生命!?

美國國家航空暨太空總署（NASA）的土星探測太空船卡西尼號在2015年10月執行了一個很有意思的任務。

它針對土星的其中一顆衛星恩克拉多斯上會如同間歇泉般噴出的水柱，採集了樣本。

樣本分析的結果是含有鹽類、有機分子、氨、氫分子等。

因為這些都是構成生命的重要要素，所以可以期待這個衛星可能有生命存在。

根據專家表示，恩克拉多斯厚厚的冰層之下，地底深處有個「內部海洋」，並從那裡噴出了微粒。

這些粒子的性質，跟地球上最初孕育出生命的地方所擁有的非常相似。

這個粒子也存在於土星8個土星環中的E環。

換言之，E環的源頭可以被視為是恩克拉多斯噴出的水柱，與恩克拉多斯的內部海洋具有同樣的成分。

另外，恩克拉多斯也被認為擁有大量的氫元素。

這也就表示擁有生命可利用的豐富化學能量，所以有生命存在的可能性就更高了。

第3章

恩惠之母·名為太陽的星球

18 太陽是如何誕生的？

地球所在的太陽系，是以太陽這個恆星為中心所形成的。

從地球到太陽的平均距離約為1億4960萬公里，就算是光速也要花上8分20秒才能抵達。

太陽的半徑約是地球的109倍，質量則是33萬倍，占了太陽系整體質量的99.86％，其重力會影響太陽系所有的天體。**而質量這麼大的太陽，也不過是銀河系中的一個標準恆星而已。**

那麼，太陽是怎樣誕生的呢？

根據現在的宇宙論，宇宙是以138億年前的「宇宙暴脹」及「大霹靂」為契機誕生的。

大霹靂使得構成物質的基本粒子得以形成，但一般認為初期宇宙中存在的元素幾乎都是氫原子。

因氫分子發生核融合而誕生的

氫原子聚集，形成叫做「分子雲」的星際雲，而分子雲又被稱為「星球的誕生地」「星球的搖籃」，星球就是在此孕育出來的。

太陽也是從分子雲中誕生。

分子雲中會有幾個密度較高的「分子雲核」，它會因本身的重力而漸漸收縮形成「原始星球」。原始星球會一面吸收周圍的氣體跟塵埃，然後更加收縮。

不久後，原始星球中心部分的密度變高，於是就發生了核融合。這使得中心溫度變成1000萬度以上的高溫，發出明亮的光芒，一般認為太陽就是這樣成長起來的，而那是46億年前所發生的事。

太陽誕生前的過程

分子雲核

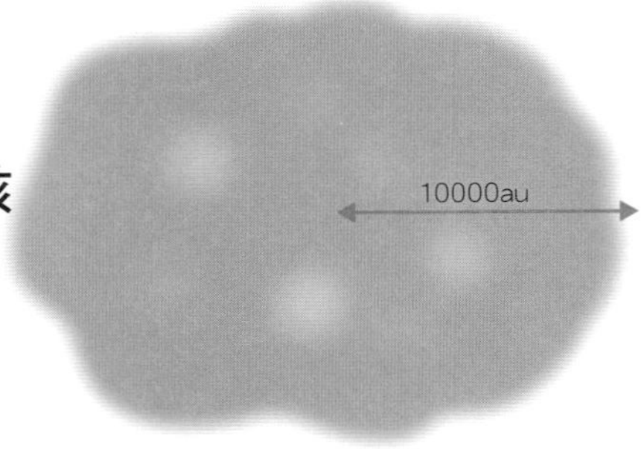
10000au

※au＝天文單位

分子雲是星際雲的一種，大部分是由氫分子所構成，典型的大小是直徑100光年。質量為太陽的10萬倍。其中有被稱為分子雲核的團塊。

原始星球

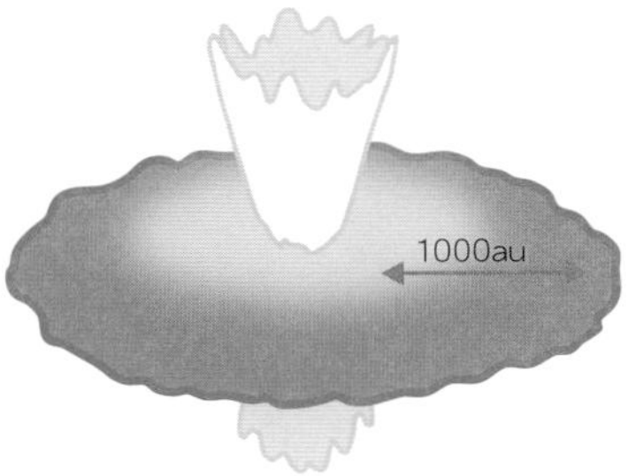
1000au

含有塵埃的星際氣體塊，氣體會被壓縮而升溫，放出紅外線跟電波。

微行星

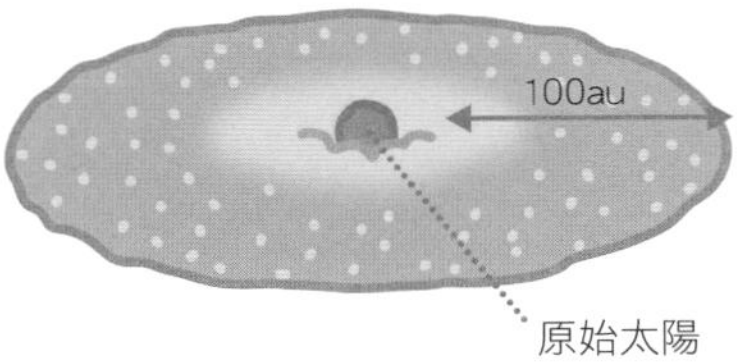
100au
原始太陽

原始太陽的周遭有被稱為「原行星盤」的氣體圓盤。原行星盤中含有相當微小的塵挨，這些不斷聚集就形成了微行星。

現在的太陽系

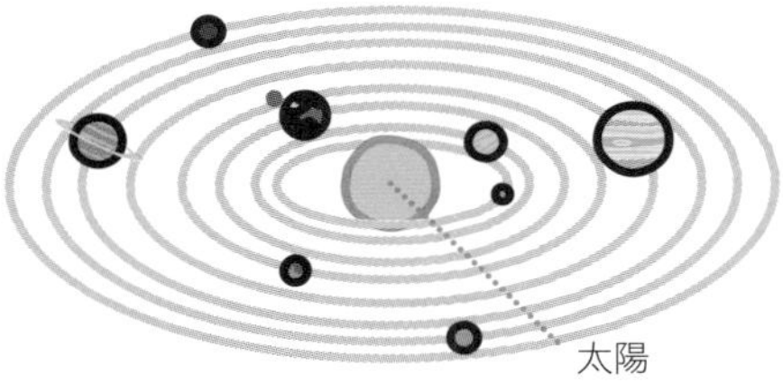
太陽

太陽形成了，而從捲入太陽的原行星盤中，誕生出了現在的行星們。

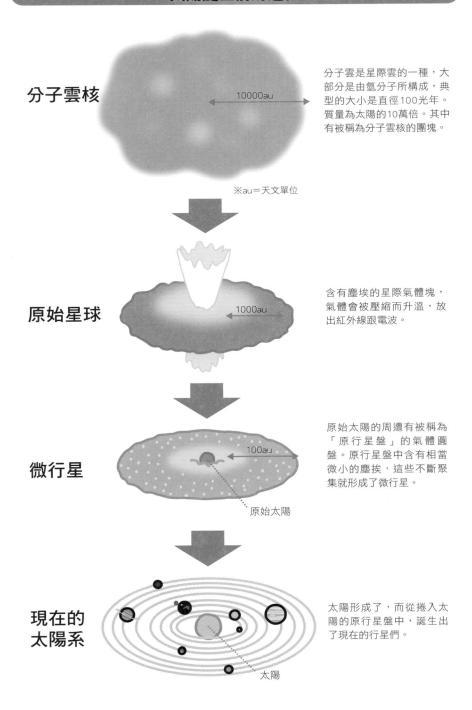

19 我們是如何知道太陽的構造的？

從太陽的表面震動來推測出內部構造

太陽周圍的日冕被說是有100萬度，人類是不可能登陸那樣的星球的。

所以，可以說我們是不可能去探測太陽內部的。

那麼，我們是如何調查太陽內部的呢？

實際上，太陽中心部的密度和溫度是怎樣的情況，那個環境中氫的原子核又是怎麼運作的，可以透過電腦模擬並計算出來。

但是，我們無法確認那到底是不是正確的。

而確認的方法，**就是分析太陽表面的震動，這就是「日震學」**。

我們在調查地球內部構造時，可以使用測量地震傳動速度的方法。

地震傳播的速度會因地球內部的密度而異，只要蒐集地震波傳播的數據，就可以推測地球內部的構造。

日震學的思考原理是完全一樣的。

觀察太陽的話，就可以發現太陽大約以每5分鐘為一週期發生震動，稱為「太陽的5分鐘振盪」。

只要分析太陽表面發生的震動，就可以如同地球內部構造那樣推測出太陽的內部構造。

結果是我們理解出太陽構造是由核融合發生的「核心」、由電磁波運送能量的「輻射層」、以及從半徑的30%深度到表面的「對流層」所形成的。

太陽的構造

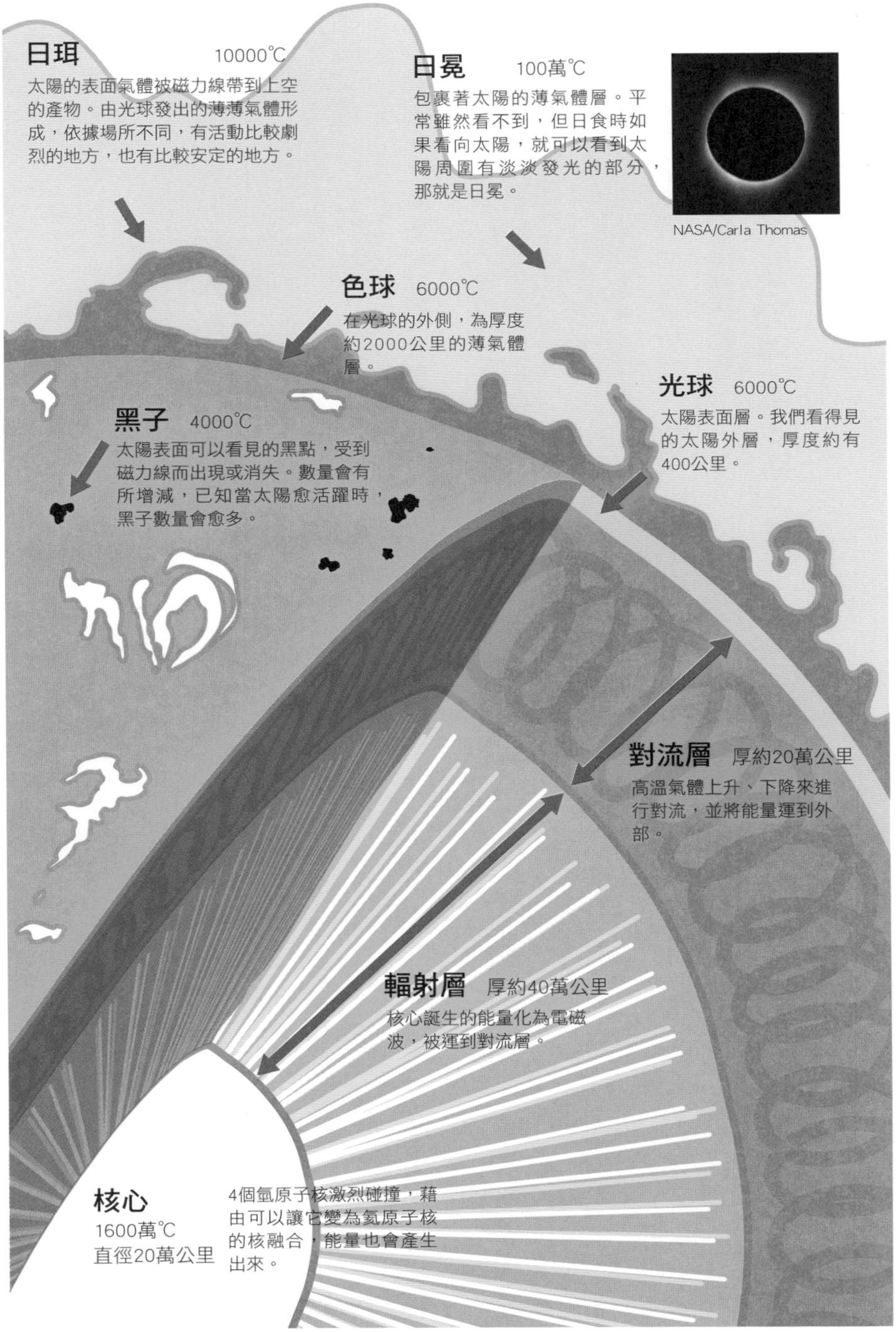
日珥 10000℃
太陽的表面氣體被磁力線帶到上空的產物。由光球發出的薄薄氣體形成，依據場所不同，有活動比較劇烈的地方，也有比較安定的地方。
日冕 100萬℃
包裹著太陽的薄氣體層。平常雖然看不到，但日食時如果看向太陽，就可以看到太陽周圍有淡淡發光的部分，那就是日冕。
NASA/Carla Thomas
色球 6000℃
在光球的外側，為厚度約2000公里的薄氣體層。
光球 6000℃
太陽表面層。我們看得見的太陽外層，厚度約有400公里。
黑子 4000℃
太陽表面可以看見的黑點，受到磁力線而出現或消失。數量會有所增減，已知當太陽愈活躍時，黑子數量會愈多。
對流層 厚約20萬公里
高溫氣體上升、下降來進行對流，並將能量運到外部。
輻射層 厚約40萬公里
核心誕生的能量化為電磁波，被運到對流層。
核心
1600萬℃
直徑20萬公里
4個氫原子核激烈碰撞，藉由可以讓它變為氦原子核的核融合，能量也會產生出來。

20 太陽是星球在燃燒嗎？

是因為太陽中心發生的核融合放出巨大能量

地球上的生命，幾乎都是託太陽能量的福而能繼續生存的，支持人類文明的化石燃料、水力、風力等自然能量，都是由太陽能量變化而來的。

那麼，太陽能量是怎樣產生出來的呢？那並不是燃燒東西所釋放出來的能量。

太陽在46億年間持續不斷放出能量，無論太陽有多大，也不會有可以燃燒這麼長時間的燃料。

不如說太陽本來就不是地球跟月亮那樣有岩盤地殼的星球，而是氣體形成的。**太陽能量的來源是核融合**。

太陽核心的直徑有20萬公里，為1500萬度、氣壓2500億的高溫高壓狀態。氫原子核會在那裡發生核融合並變成氦原子核，因而放出巨大的能量。

像這樣產生的能量會花費數10萬年通過厚約40萬公里的輻射層，及20萬公里的對流層，然後達到表層。**從內側放出的光與熱，會使太陽看起來像是紅色燃燒的樣子**。

太陽能量會搭上太陽風釋放到太空，但據說能達到地球的只有其中的20億分之1。

太陽的活動約以11年為週期，會反覆變強、變弱，活動較頻繁的時候就會出現很多太陽黑子。

而現在我們知道，黑子的減少與地球的冰河期有關。

太陽能量產生的運作模式

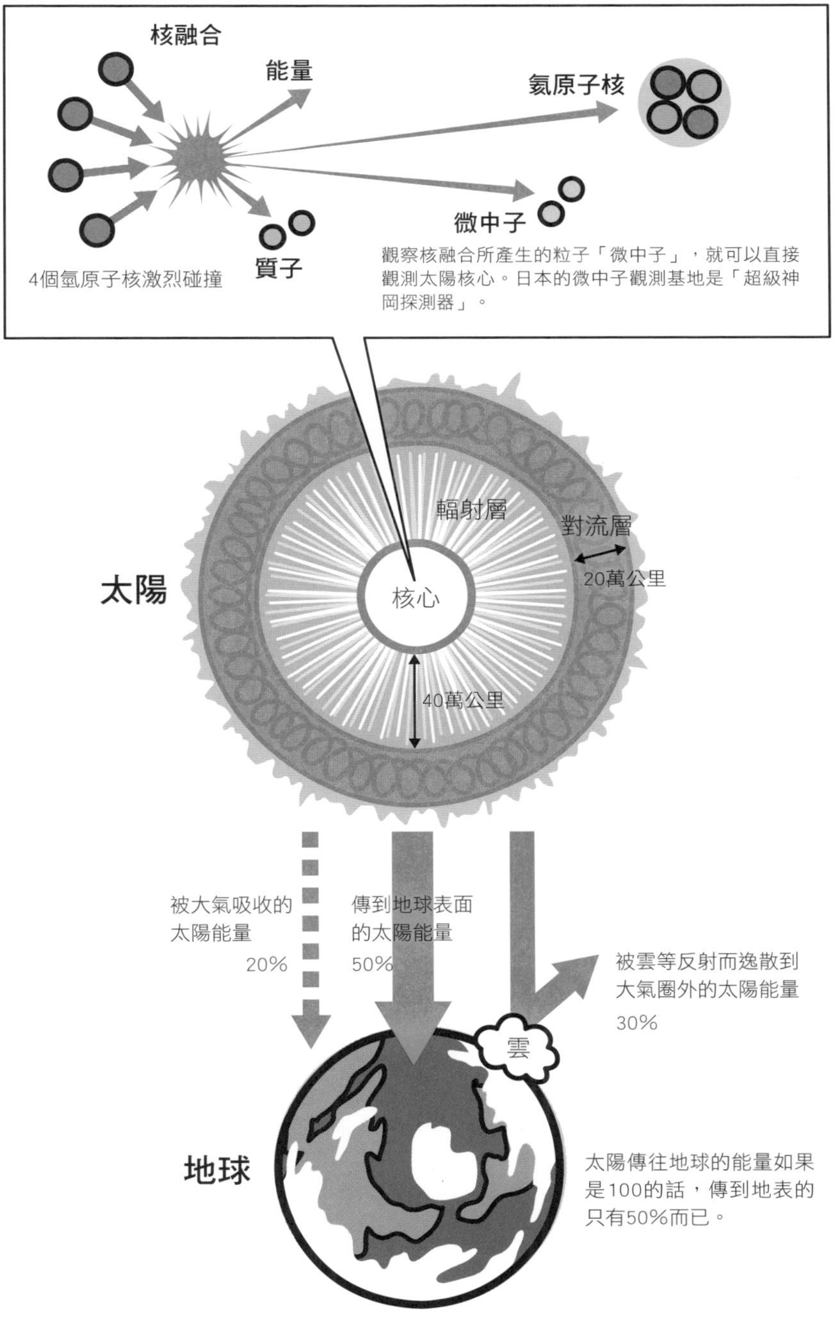
核融合
能量
氦原子核
微中子
質子
4個氫原子核激烈碰撞
觀察核融合所產生的粒子「微中子」，就可以直接觀測太陽核心。日本的微中子觀測基地是「超級神岡探測器」。
輻射層
對流層
20萬公里
太陽
核心
40萬公里
被大氣吸收的太陽能量
20%
傳到地球表面的太陽能量
50%
被雲等反射而逸散到大氣圈外的太陽能量
30%
雲
地球
太陽傳往地球的能量如果是100的話，傳到地表的只有50%而已。

21 閃焰是怎麼發生的？

閃焰就是太陽表面發生的爆炸現象。因形狀看起來像是火焰（Flare），所以被這樣命名。

據說爆炸的威力與10萬個～1億個氫彈相等，這樣就能理解這是多麼猛烈的爆炸。

發生閃焰後，許多X射線、伽瑪射線、高電荷粒子會被大量釋放到太空裡。

當這些輻射及粒子傳到地球，就會擾亂做為地球堡壘的地球磁場，而產生磁暴。另外，也會給電離層不好的影響，引發通訊障礙問題，這就是「電離層突發性擾動」。

事實上，大受歡迎的美麗天體秀——極光，其規模也會因閃焰而增長。

關於太陽活動，人類還有很多不知道的事，如閃焰就長年被視為謎團之一。

日本的太陽觀測衛星解開原因：磁場變化

而解開這些謎團的曙光就是日本的X射線太陽探測衛星「陽光衛星（Yohkoh）」。

這個探測衛星是1991年發射的，目的是為了以高精度觀察太陽活動極大期時的太陽大氣（日冕），或是該處發生的閃焰等高能量現象。

「陽光衛星」是世界上第一個幾乎完整觀測一個週期的太陽活動（約11年）的衛星，並了解了閃焰的發生原因，是因為日冕突然發生磁場變化。

磁力線在太陽表面拱出拱門的形狀，當兩邊的底端接近後，磁力線的相連交錯會使得磁場瞬間放出累積的能量，並且爆炸。

這個爆炸就是閃焰。

閃焰的機制

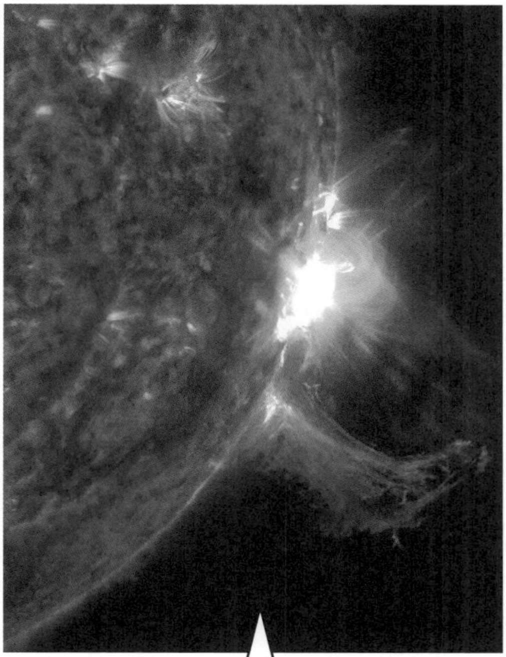

從左邊的太陽表面大大噴往右側的是閃焰，會發出強烈的光。

NASA/Goddard/SDO

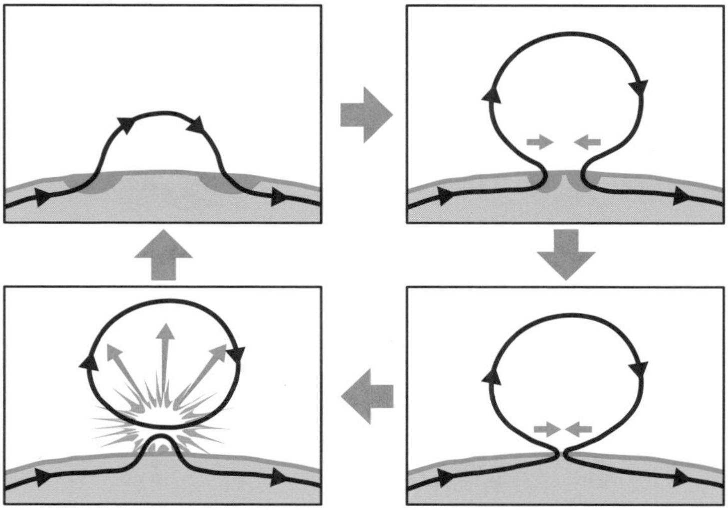

太陽磁場的磁力線隨著太陽自轉而被拉長，扭曲後跳脫太陽表面，這個圓圈切斷後，就會同時發出大量的高溫電漿，成為閃焰。

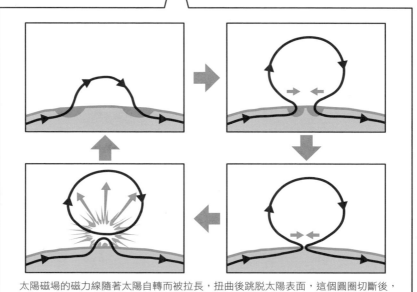

22 太陽真的是推動地球的引擎嗎？

地球的大氣和水能進行大循環，都是託太陽的福

太陽所放出的能量中，抵達地球的僅僅20億分之1而已。

這些抵達地球的能量會被雲或地表表面反射，所以會有近3成逸散到太空。

地球幾乎是球形的，赤道附近的正上方接收到太陽的能量，但高緯度的北極或南極圈因為是斜著受到照射，所以同樣面積下能接收到的能量就比較少。

而且冰雪也會反射光線，地表表面覆蓋冰雪的地區，反射率可以達到80%。

換言之，比較不易吸收太陽能量的極地區域，因為容易堆積冰雪，使得反射率又因此上升，變得更加寒冷。

於是，**赤道附近及極圈接受到的太陽能量便產生很大的差距。**

一般認為要是熱能無法流動的話，高緯度地區和低緯度地區的溫差將可以達到100度之多。

順帶一提，**這個巨大的溫差，正是讓地球全體的大氣循環的原動力。**

高緯度區域的空氣變冷後，低緯度地區的熱能會透過大氣往高緯度地區移動。水平方向的能量移動，便成為調節地球整體氣候的大氣環流系統。

不僅是大氣，水也同樣會進行大循環。

低緯度地區的海水被加溫後會往高緯度地區流動，這就是大洋環流系統。

要說太陽是支持「地球系統」的引擎也不為過。

吹動地球的6種風

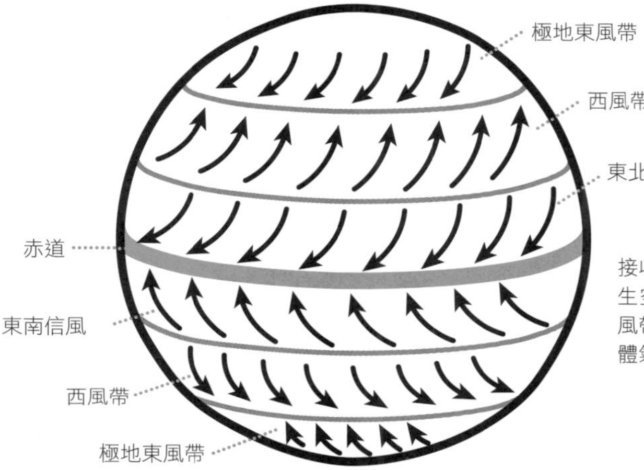
極地東風帶
西風帶
東北信風
赤道
東南信風
西風帶
極地東風帶

接收太陽能量以後，會產生空氣對流，並形成6大風帶。這就是調節地球整體氣候的大氣環流。

科里奧利力（科氏力）

法國物理學家賈斯帕・科里奧利在19世紀開始研究的慣性力的其中一種。北半球的風的軌道會向右偏，南半球則是向左偏，這就是讓風轉向的科氏力。

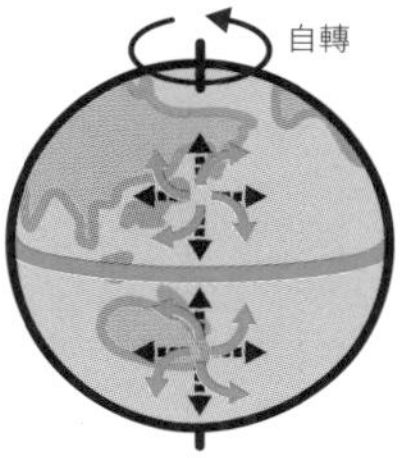
自轉

在北半球不管往東西南北什麼方向去，都會受到往右的力量。

在南半球會受到往左的力量。

環繞世界的洋流

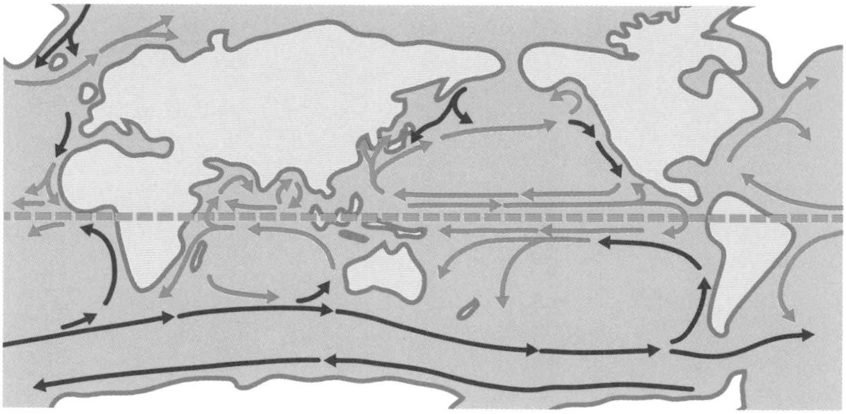

洋流經常往一定方向流動，夾著赤道不斷循環。被洋流運送的溫暖海水和冷海水會影響氣候。

●寒流……主要是從極地方向往赤道附近流動的洋流。

●暖流……主要是從赤道附近往極地方向流動的洋流。

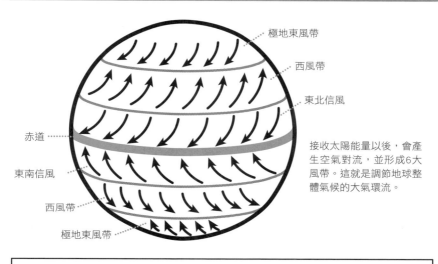

23 地球暖化是太陽害的嗎？

最大的原因是人類製造的溫室氣體

太陽自古以來就不斷保持地球的溫度。

但是自太陽誕生以來經過了46億年，**太陽的亮度與當初相比增加了30%，當然，能量也增加了**。

來自太陽能量的多少，具有造成地球平均氣溫變化的可能性。

第62～63頁也曾提到，太陽黑子的數量增減會與地球氣候有關。

如果觀察這160年間太陽黑子數與地球的平均氣溫變化，19世紀後半到20世紀前半的這段期間，黑子數多的時期平均氣溫會上升，一般認為這兩者的關聯性頗高。

但是讓地球的平均氣溫改變的要因，並不只有太陽能量的變化。

某段時期，大家認為氯氟碳化合物使得臭氧層被破壞，而讓太陽光更強烈照射到地表，使得地球暖化。

大氣層中的臭氧層會吸收來自太陽的紫外線，也是守護地球生物的一道屏障。

確實，因為氯氟碳化合物氣體的關係，臭氧層被破壞，使得太陽光會照射得稍微強烈一點，但是太陽能的增加量不過就是0.01%左右而已。

因此，**我們無法說臭氧層的破壞直接造成了地球暖化。**

比起這個，以二氧化碳為首的溫室氣體在大氣中增加，才真的大大導致氣溫上升。現在溫室氣體被認為是讓地球暖化的最大原因。

溫室效應使地球暖化的機制

溫室氣體量適當的地球

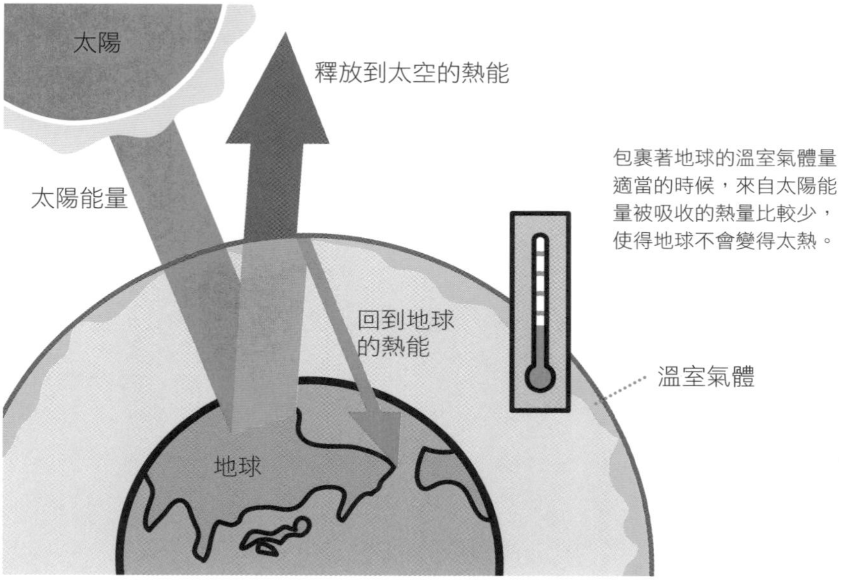
太陽
釋放到太空的熱能
太陽能量
包裹著地球的溫室氣體量適當的時候，來自太陽能量被吸收的熱量比較少，使得地球不會變得太熱。
回到地球的熱能
溫室氣體
地球

溫室氣體增加後不斷暖化的地球

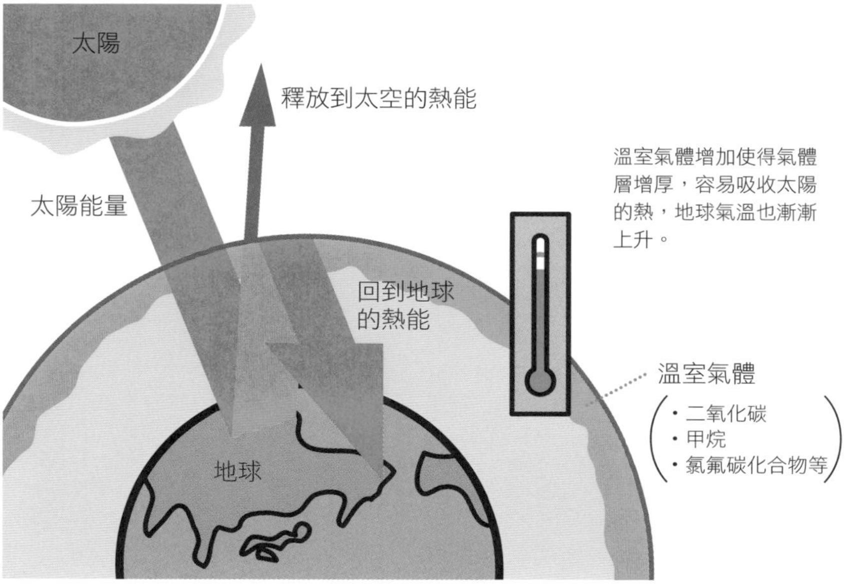
太陽
釋放到太空的熱能
太陽能量
溫室氣體增加使得氣體層增厚，容易吸收太陽的熱，地球氣溫也漸漸上升。
回到地球的熱能
溫室氣體
・二氧化碳
・甲烷
・氯氟碳化合物等
地球

24 太陽真的在變大嗎？

太陽耗盡氫元素後就會膨脹、巨大化

太陽的中心不斷發生由4個氫原子變成1個氦原子的核融合現象。

1個氦原子會比原本4個氫原子還要略輕一些，失去的質量則化為太陽莫大的能量。

核融合的結果是太陽的中心會堆積氦原子，形成氦的核心。

如此一來，高溫的核心會愈變愈重，也會變得高壓。接下來，氦的核心會因本身的重力逐漸收縮而崩潰。

學者認為大約60億年後，太陽中心的氫會耗盡。

如此一來，內部的核融合就會停止，但外側還會持續進行核融合。

結果就是內部會收縮，外側則是會開始膨脹。

膨脹使得表面溫度下降而變紅，這種狀態的恆星被稱為紅巨星。

在夜空中發著紅色光輝的天蝎座心宿二（Antares）或獵戶座參宿四（Betelgeuse）都是紅巨星，也就是年老的星球。

學者認為在約80億年後，太陽的外層會膨脹到地球的公轉軌道附近。

在那之後，太陽會變得更加不安定，不斷膨脹或收縮使得外層的氣體擴散到太空中。

然後，**最後大小會變成現在太陽的100分之1，留下發出青白色光芒的核心，也就是「白矮星」。**

白矮星的質量會是現在太陽的7成左右，所以會是密度非常大的星球。

太陽的一生

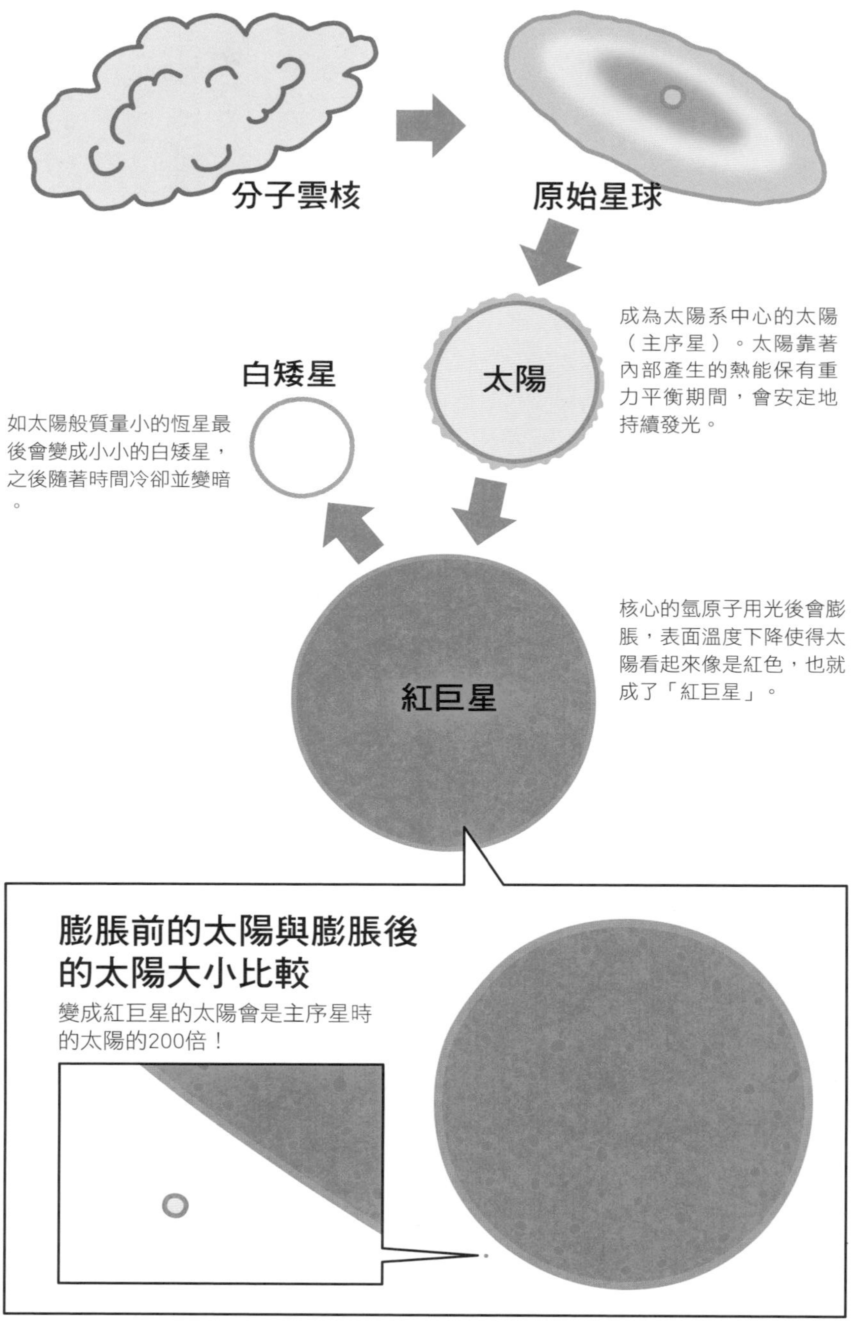
分子雲核
原始星球
太陽
成為太陽系中心的太陽（主序星）。太陽靠著內部產生的熱能保有重力平衡期間，會安定地持續發光。
白矮星
如太陽般質量小的恆星最後會變成小小的白矮星，之後隨著時間冷卻並變暗。
紅巨星
核心的氫原子用光後會膨脹，表面溫度下降使得太陽看起來像是紅色，也就成了「紅巨星」。
膨脹前的太陽與膨脹後的太陽大小比較
變成紅巨星的太陽會是主序星時的太陽的200倍！

從太陽系外遠道而來的奇妙小型天體斥候星

2017年10月，夏威夷的天體望遠鏡發現有個從太陽系外接近太陽，像是路過的慧星般的天體。

當初因為這個天體擁有慧星般的軌道，國際天文學聯合會認為是一種慧星。

太陽系中發現的多數小型天體都是沿著橢圓軌道繞行太陽周圍。從很遠的地方來到太陽系的部分慧星，也是沿著非常細長的橢圓軌道繞行的。

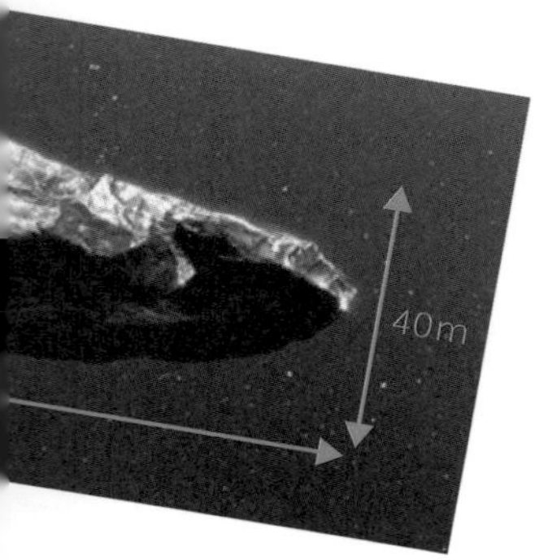

©European Southern Observatory /M.Kornmesser

這些都是受到太陽重力拉扯而環繞太陽周圍。但是夏威夷所發現的這個天體軌道卻不是如此。

它的軌道被稱為雙曲線軌道，像是字母U的形狀。這種軌道也稱為「開放軌道」。

這還是首次發現像這樣有著開放軌道的天體。因為只要是太陽系的天體，不管是從多遠的地方來，都維持著橢圓形的軌道。

也就是說，學者認為這個天體是從太陽系外的地方來的，這實在令人相當驚訝。

從此後的觀測結果中，也知道了其他有趣的事。

這個天體的自轉週期約為8小時，長度為

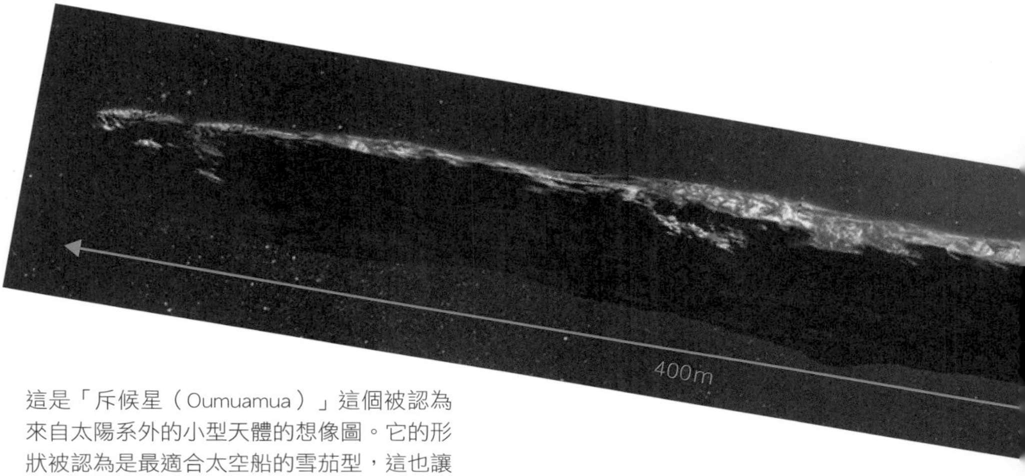

這是「斥候星（Oumuamua）」這個被認為來自太陽系外的小型天體的想像圖。它的形狀被認為是最適合太空船的雪茄型，這也讓人不禁聯想到未知生命體的存在。

400公尺，但寬度卻只有40公尺左右而已。

繞行太陽系的小型天體中，就算是細長型的，長度大多也只是寬度的3倍左右。像這次發現的天體這麼細長的例子，至今還沒出現過。

以自然形成的天體來說，這個形狀實在很奇特，該不會是外星人丟棄的人造物品吧？就連這樣的傳聞也都出現了。

這顆來自太陽系外的奇特天體，通稱為斥候星（Oumuamua）。

這是來自夏威夷語的字，「Ou」有著「伸出手、遞出手」的意思，「mua」是「最初的」的意思。重覆兩次則是強調，也就是表現「來自太陽系外的使者」的意思。

木星的衛星上也發現了間歇泉！

2016年9月，美國國家航空暨太空總署（NASA）公布，在木星的其中一個衛星歐羅巴（Europa）上拍攝到的影像中，發現了好幾個噴出水分的地點。

這是由哈伯太空望遠鏡所進行的觀測。

地球以外的天體也會有液態水噴出，這個發現受到相當大的矚目。

歐羅巴在木星的周圍，每3天又13小時就會繞行木星一周。

當公轉軌道繞到距離木星最遠的地方時，水分噴發會比較頻繁，換言之，就是像間歇泉那樣的噴發方式。

但是水噴出的高度，和我們已知的間歇泉有很大差異，可以達到約200公里。

如第56頁時所說，我們已知道土星的衛星恩克拉多斯上也有間歇泉，恩克拉多斯的間歇泉樣本中被發現含有鹽類、有機分子跟氫分子等。

這表示了恩克拉多斯的海底是相當溫暖的場所，以及海水跟岩石有所接觸。

而從這個觀測結果可以得知，木星的衛星歐羅巴也跟恩克拉多斯一樣，可以期待有非地球生物的生命存在。

NASA今後計畫於2020年要探測歐羅巴，非常值得關注。

第 4 章

地球的夥伴・太陽系行星的真實樣貌

25 太陽系的行星是如何誕生的？

由聚集氣體和塵埃的原行星盤中接二連三誕生

從現在往回推大約46億年，當時銀河系的一角發生了超新星爆炸，將大量的氣體跟塵埃釋放到太空中，這些物質則成為了分子雲的材料。

分子雲中密度較高的部分，被稱為分子雲核。

這些分子雲核不斷旋轉，因為氣體和塵埃收縮，使得旋轉速度上升。

接著離心力發揮作用，使得分子雲核變成扁平巨大的圓盤狀，這就是原行星盤。

之後圓盤的中心變得高溫、高壓，因而開始發光，成了原始太陽。

接著，原始太陽周圍的氣體跟塵埃漸漸冷卻，分成許多小塊。

這些小塊彼此反覆撞擊並合體，形成小型天體，從中誕生的就是微行星。

微行星會在原行星盤的氣體中繞著太陽公轉，並因不斷的撞擊而愈變愈大，成長為原始行星。

距離太陽近的微行星如水星、金星、地球、火星等擁有核心，被稱為「類地行星」（岩質行星）。

而離太陽稍遠的微行星則是擁有由岩石及冰形成的核，核心周圍有大量的氫及氦所包圍的「類木行星」（氣態巨行星）。木星及土星就屬於這種。

而在距離太陽更遠的地方，就變成了冰及岩石周圍有些微氣體包覆的「類海行星」（冰巨行星），天王星及海王星就是這種。

那麼，太陽系的行星是怎樣的天體呢？

太陽及行星的大小比較和行星的3種類型

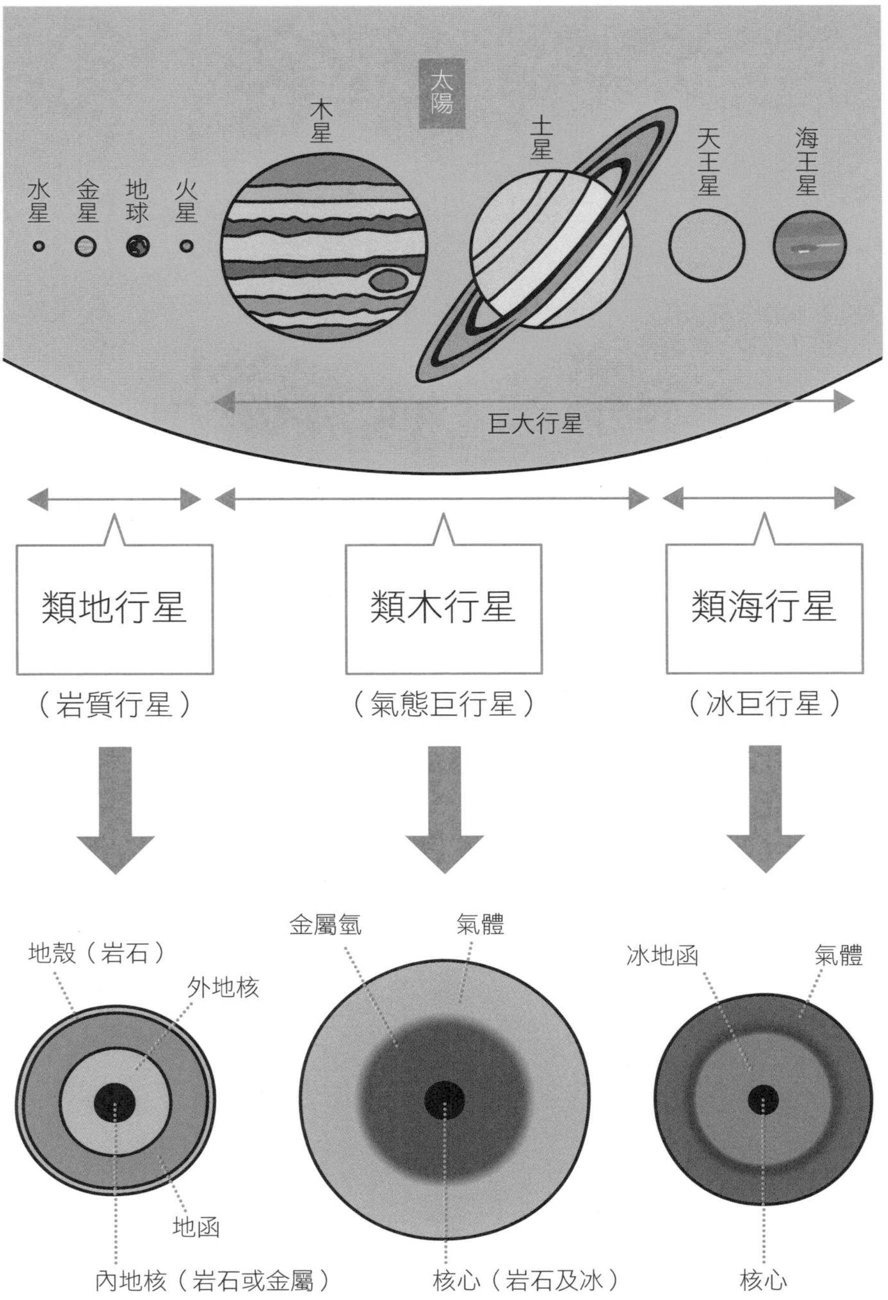

２００６年國際天文學聯合會決定了以下的定義：

①環繞在太陽的周圍。

②質量十分大，擁有強大的重力而變成球型。

③軌道周邊不存在其他大得超出規格、或類似大小的天體。

１９３０年發現的冥王星被視為是太陽系的第９個行星，它也適用①和②的條件，但是不符合③的條件，所以現在成了「矮行星」。

太陽系行星從距離太陽近的開始起算，由水星、金星、地球、火星、木星、土星、天王星、海王星這８個行星所構成。其他在火星的軌道及木星的軌道間也有小行星帶存在。

小行星帶雖然存在了無數的天體，但其中沒有我們會稱之為行星大小的天體。

日本的探測機「隼鳥號」登陸並帶回了樣本，因而聲名大噪的小行星「絲川」也是出自於這個小行星帶。絲川的長度只有約５４０公尺，真的是非常小的天體。

那麼，太陽系的範圍大概到哪裡呢？

海王星的外側有稱為「古柏帶」的寬闊小行星帶，冥王星也被包含在這裡面。

一般認為「古柏帶」的天體是自太陽系形成的初期以後，沒有繼續從微行星發展得更大、以冰為主要成分的小型天體。

「古柏帶」的外側還有寬廣的歐特雲，被認為是慧星的故鄉。

雖然有各種說法，但那裡被認為是太陽系的邊界。

太陽系的各個行星與太陽的距離

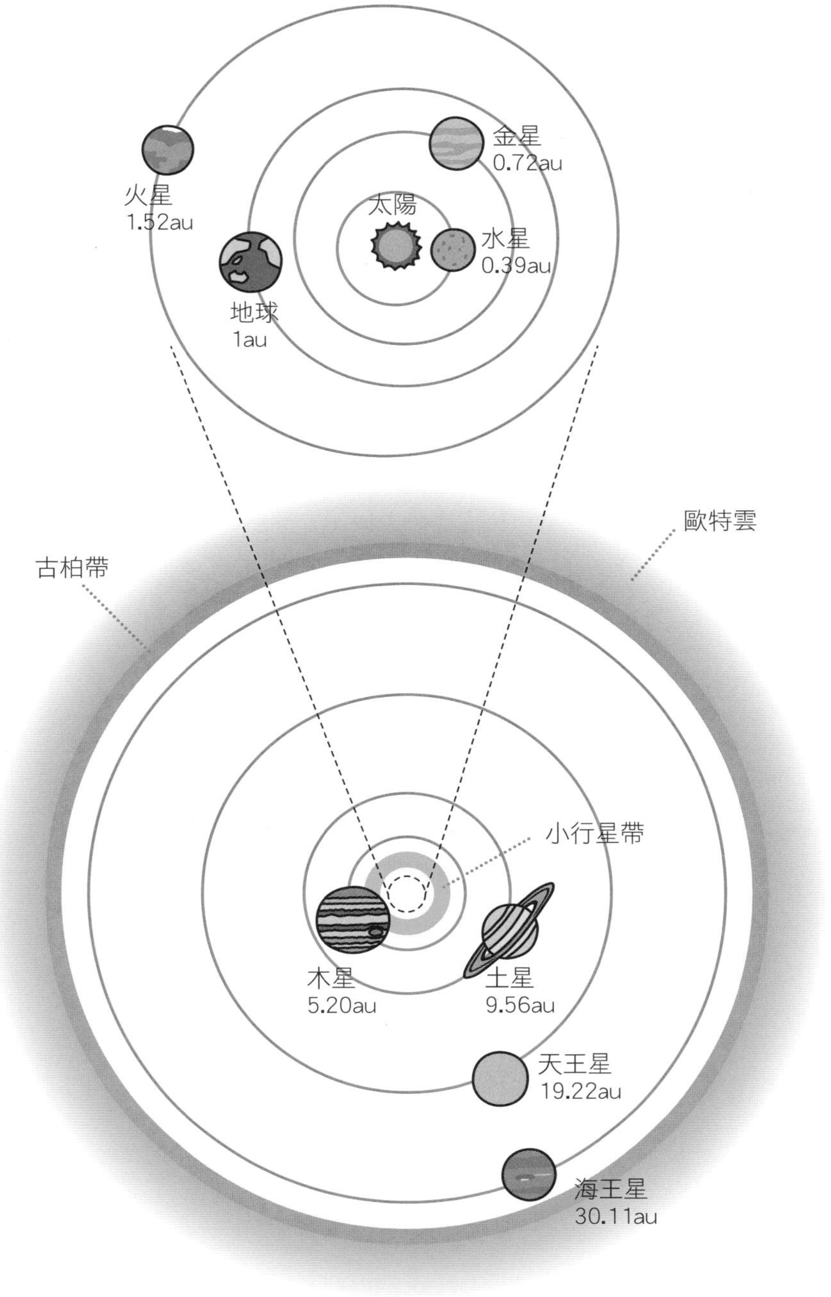
金星
0.72au
火星
1.52au
太陽
水星
0.39au
地球
1au
歐特雲
古柏帶
小行星帶
木星
5.20au
土星
9.56au
天王星
19.22au
海王星
30.11au

26 離太陽最近的水星真的很熱嗎？

受到日照的那一側溫度可達400度

在離太陽最近的公轉軌道上繞行的是水星。

水星在太陽系中雖是最小的行星，但平均密度之高僅次於地球，由此可知，水星是由鐵等質量重的成分組成，一般認為中心部分占了行星半徑的75～80%都是金屬核心。

體積雖小，但是個非常非常重的行星。

水星會有這麼大的核，一般認為是因為還是原始行星時的水星被巨大的天體（半徑約有水星一半大小的天體）撞擊，使得以岩石為主成分的地函部分被吹跑。

水星距離太陽最近，所以接受日光照射的那側可達400度，另一側則可降到負160度。

這是因為水星的大氣只有地球1兆分之1的程度，非常稀薄，所以無法保持氣溫穩定。而且因為自轉很慢使得夜晚很長，夜間溫度會因輻射冷卻而逸失。

水星的表面可以看到很多和月球表面類似的隕石坑。

最大的隕石坑是占了水星直徑的4分之1以上、有1300公里多的「卡洛里盆地」。

一般認為，這是由直徑可能有100公里的小行星衝撞而形成的。如果衝撞的是更大的天體，水星可能會整個被破壞也說不定。

說歸說，水星跟火星、金星等相比還是相當不顯眼，那是因為**太陽光妨礙了觀測，使得它幾乎沒辦法從地球被觀察到的關係。**

水星的樣貌與構造

NASA/Johns Hopkins University Applied Physics Laboratory/Carnegie Institution of Washington

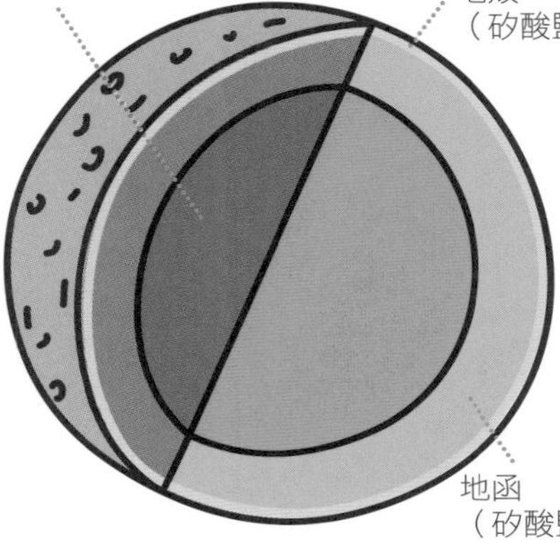

水星資訊

- 赤道半徑：2440km
- 質量（地球＝1）：0.055
- 軌道長半徑（地球＝1）：0.387
- 公轉週期：87.97天
- 自轉週期：58.65天
- 接收到的太陽輻射量（地球＝1）：6.67

地形

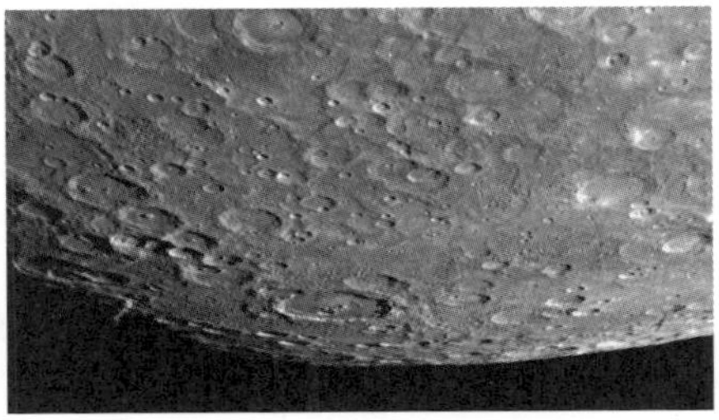

無數的隕石坑覆蓋，變成類似月亮的地形。
（NASA/Johns Hopkins University Applied Physics Laboratory/Carnegie Institution of Washington）

廣大的卡洛里盆地

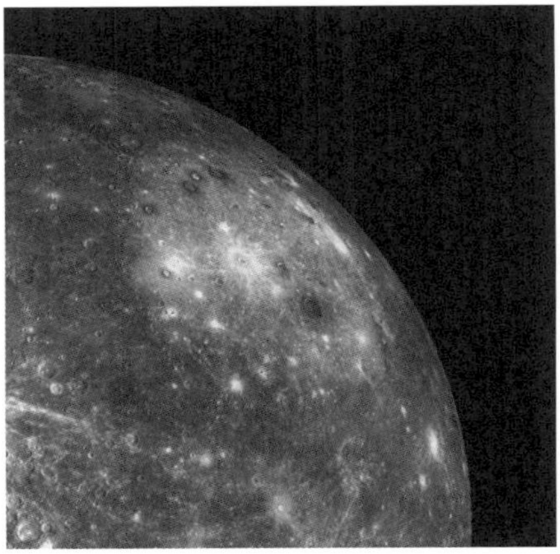

廣大範圍看起來有點白的部分為卡洛里盆地。2008年1月由信使號攝影。
（NASA）

27 為什麼金星被稱為是地球的「雙胞胎行星」？

因為樣子很相似，但內部是完全不同的

金星跟地球的直徑和密度幾乎相同。

這使得**金星曾經被稱為「地球的雙胞胎行星」，但行星的表面狀況完全不同。**

地球表面是液態水也能存在的穩定環境，但金星是表面溫度接近500度的灼熱行星。

讓這2個行星命運完全不同的是與太陽的距離。

太陽到金星的距離為0.72au。換言之，比地球還要接近太陽4200萬公里。這個距離對2個行星的環境影響很大。

因微行星的撞擊、合體而誕生的金星跟地球，初期兩者都是整個行星融化成黏糊糊的岩漿海狀態。

這時的2個行星大氣中都沒有水蒸氣。

但是離太陽比較近的金星，被認為因為實在太高溫了，所以水蒸氣無法化為液態水。

而現在金星的氣壓是95大氣壓，也就是被地球大氣約100倍總重量的氣體給包覆。

其中96%還是溫室效應很高的二氧化碳，剩下的是氮和水蒸氣。

換言之，**金星被效果很強的溫室氣體給覆蓋。另外，金星的特徵之一是自轉跟地球是反方向的。**

自轉逆向的原因一般認為是與極厚大氣層的相互作用，但至今還沒有明確的答案。

金星的樣貌與構造

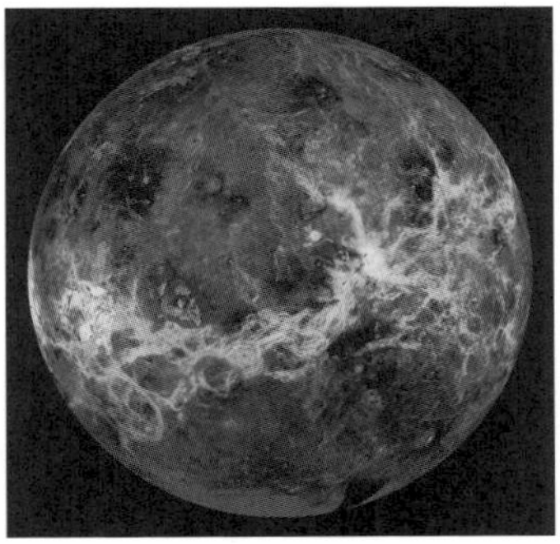

NASA/JPL

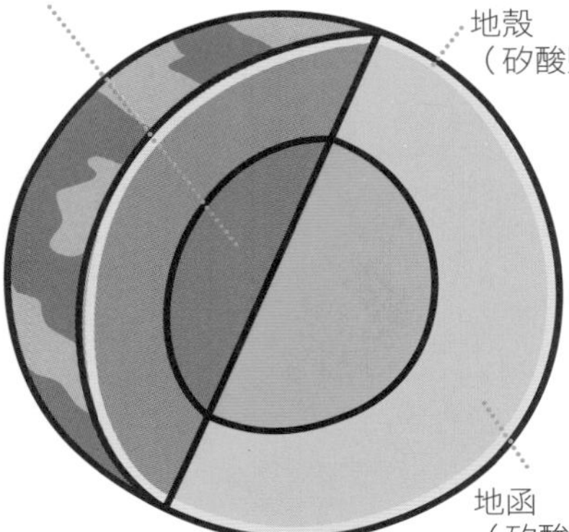
核心（液態鐵、鎳合金）
地殼（矽酸鹽）
地函（矽酸鹽）

金星資訊

- 赤道半徑：6052km
- 質量（地球＝1）：0.815
- 軌道長半徑（地球＝1）：0.723
- 公轉週期：224.7天
- 自轉週期：243天（逆方向）
- 接收到的太陽輻射量（地球＝1）：1.91

地形

地表大半被熔岩覆蓋，照片是由麥哲倫太空船所拍攝的標高8公里的馬特山。※此影像為了容易觀看而改為縱向並放大22.5倍。（NASA/JPL）

為厚雲層所覆蓋的金星大氣

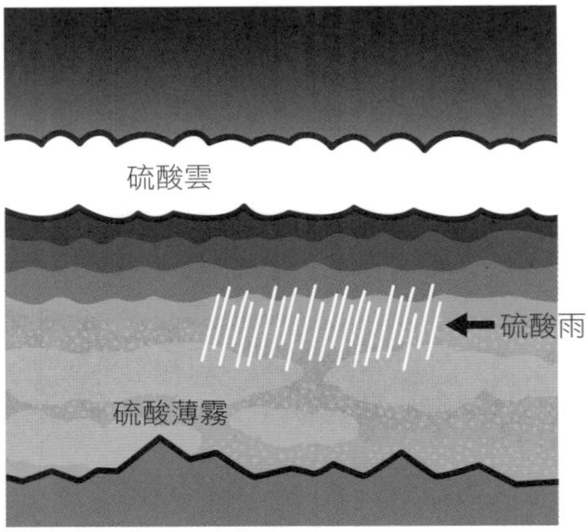
硫酸雲
硫酸雨
硫酸薄霧

大氣中的二氧化碳及二氧化硫等因陽光而產生化學反應，形成很厚的硫酸雲層。

28 火星上真的有水嗎？

如果把地球質量當作1，則火星是只有地球0．1074倍大的小行星。透過望遠鏡看火星紅得彷彿在燃燒，但那是因為火星表面砂土含有鐵鏽。

火星的福波斯跟得摩斯這兩顆衛星都是直徑數十公里的小型衛星，形狀不是球型而是有點扭曲。

事實上，火星跟地球有些相似。

火星的自轉軸傾斜25．2度，跟地球一樣有四季。

而火星的自轉週期為1天24小時39分，也跟地球的1天長度非常相近，繞行太陽一圈的公轉週期也為1．88年，連這點也相當相似。

火星地表的平均氣溫為負50度的低溫，但是夏季的赤道附近可以上升到20度左右，另一方面，極圈有的時候會降到負130度的低溫。

許多探測機都發現了相關證據

火星的大氣非常稀薄，氣壓約為地球的0．6％而已，大氣成分有95％為二氧化碳，其他成分含有氮、氬、微量的氧等。

有許多探測機被送到火星上，因此發現了學者認為是有水流經過而形成的地形，以及在水底產生的堆積岩狀的岩石。**於是我們可以明白，火星過去曾有大量液態水**。

這些水有一部分滲入地下，現在也有可能以冰的狀態存在於地底深處。

另外，根據探測機從上空的觀察，**也發現有幾處看起來像是地底的冰融化，有水流動的樣子**。

火星的樣貌與構造

NASA/JPL/USGS

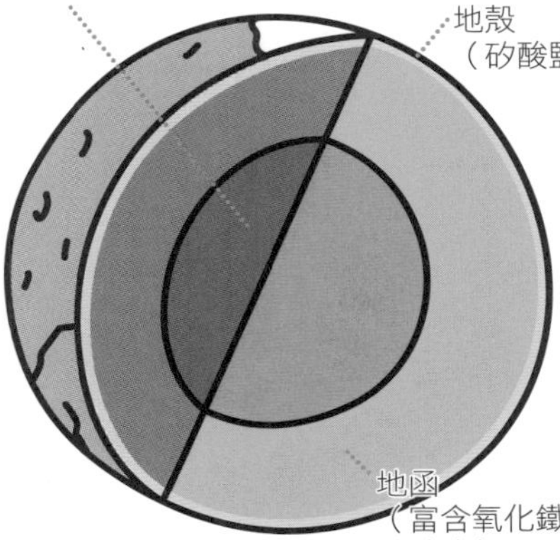
核心（鐵、鎳合金、氧化鐵）
地殼
（矽酸鹽）
地函
（富含氧化鐵的
矽酸鹽）

火星資訊

- 赤道半徑：3397km
- 質量（地球＝1）：0.107
- 軌道長半徑（地球＝1）：1.524
- 公轉週期：686.98天
- 自轉週期：1.026天
- 接收到的太陽輻射量（地球＝1）：0.43

地形

2004年1月由火星車攝影的平原。地表被含有許多氧化鐵的砂塵所覆蓋，所以看起來是紅色的。（NASA/JPL/Cornell）

刻劃在地表上的水流痕跡

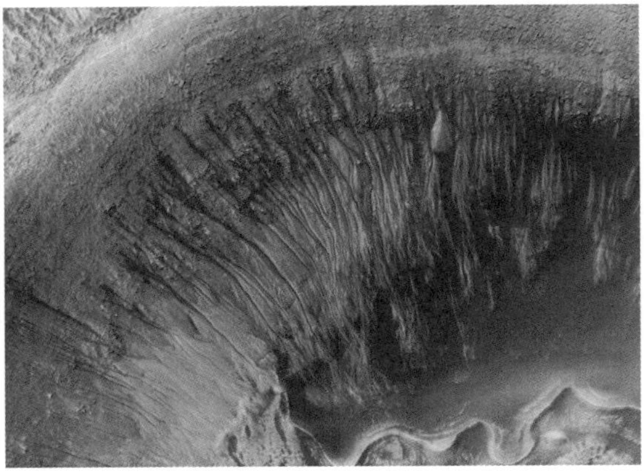
隕石坑牛頓的內側坑壁斜面上刻有許多道縱向的線條，被認為是從地下滲出的水流侵蝕所造成。
（NASA/JPL/MSSS）

29 木星為什麼會有條紋圖案？

條紋是噴射氣流所形成的

木星是太陽系最大的行星。由93%的氫及7%的氦所構成，質量約為地球的318倍。

木星擁有由岩石及冰的微行星所形成的核心，一般認為，木星的構造是核心周圍包裹著大量的氫氣，但地核的推測大小，根據模型不同會有很大的差異。

主要原因是我們推測占木星內部大半比例的氫處於高溫、高壓的狀態，使得內部密度的正確值很難預估。

所以**木星的核心可能非常小，也搞不好沒有核心**，目前還沒有結論。

木星表面的條紋圖案，可說是木星的特徵之一。

那個條紋是因為噴射氣流順著緯度的東西方向交錯而產生。此外，看起來比較暗的條紋主要是下降氣流，看起來比較淡的條紋則為上升氣流。

這些條件形成了木星美麗的模樣。

17世紀時，伽利略發現了4顆木星的衛星，這是初次發現月球以外的衛星，所以這些衛星又被稱為「伽利略衛星」。

現在，木星的衛星已經被發現67顆，而被稱作伽利略衛星的4顆衛星分別為埃歐、歐羅巴、佳利美德、卡利斯多，尺寸與月球同等或大於月球。

根據1979年9月發射的NASA無人宇宙觀測衛星「航海家1號」觀測，我們得知木星也是有木星環的。

木星的樣貌與構造

NASA/JPL/USGS

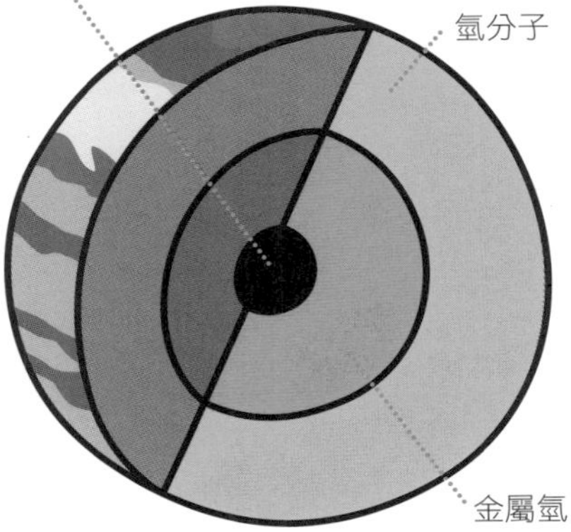

木星資訊

- 赤道半徑：7萬1492km
- 質量（地球＝1）：317.83
- 軌道長半徑（地球＝1）：5.203
- 公轉週期：11.86年
- 自轉週期：0.414天
- 接收到的太陽輻射量（地球＝1）：0.037

圖案

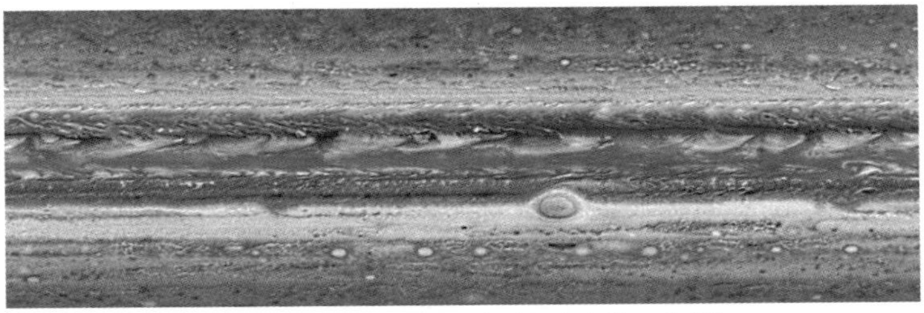

美麗的條紋圖案是氨粒子形成的雲，乘著噴射氣流流動而形成的。
（NASA/Johns Hopkins University Applied Physics Laboratory/Southwest Research Institute）

伽利略發現的4個衛星

左起為埃歐、歐羅巴、佳利美德、卡利斯多。除了埃歐外的3個衛星都有地下海洋，可期待有生命存在。（NASA/JPL/DLR）

30

土星環是由什麼構成的呢？

由小冰粒聚集成巨大的環

太陽系中僅次於木星大的行星就是土星。

土星直徑約為地球的9倍，擁有地球755倍大的體積，質量卻只有地球的95倍大而已。平均密度在太陽系的行星中也是最小的。

土星被主要成分是氫的厚厚一層大氣給覆蓋，內部和木星一樣，一般認為核心是由岩石和冰的微行星所形成。

另外，土星以1天約10小時的速度進行自轉，而高速旋轉產生的離心力使得赤道半徑比兩極半徑大了10%。

土星最大的特徵就是巨大的土星環。

用天文望遠鏡來觀察，可以看到環呈現非常美麗的平板圓盤狀。

根據許多探測機探測的結果，土星環的真實面貌是龐大數量的小冰粒分布成圓盤狀。

土星環的寬度有直徑30萬公里，但厚度只有平均約10公尺而已，非常薄。

那麼，土星環是怎麼形成的呢？

主要有以下兩種假說。

一說是土星環的起源或許是土星形成的時候，周圍產生的圓盤狀氣體及塵埃。

另一說是**小型天體和土星的衛星相撞而粉碎後的碎片聚集在赤道附近，形成土星環**。

現在後者的假說比較有力，但也還不是最終定論。

土星的樣貌與構造

NASA and The Hubble Heritage Team (STScI/AURA)Acknowledgment: R.G. French (Wellesley College), J. Cuzzi (NASA/Ames), L. Dones (SwRI), and J. Lissauer (NASA/Ames)

土星資訊

- 赤道半徑：６萬268km
- 質量（地球＝1）：95.16
- 軌道長半徑（地球＝1）：9.555
- 公轉週期：29.46年
- 自轉週期：0.444天
- 接收到的太陽輻射量（地球＝1）：0.011

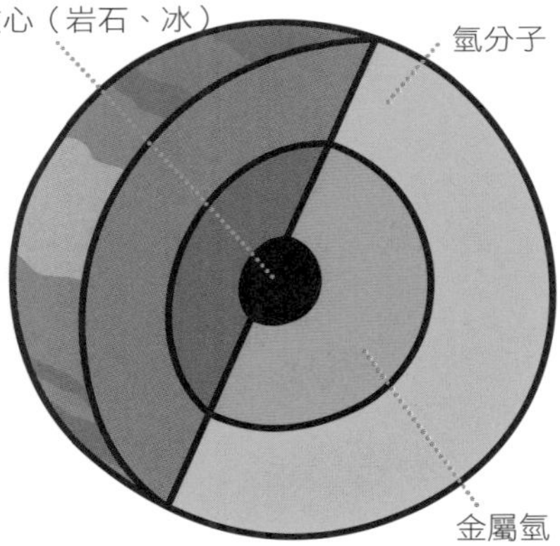

土星環

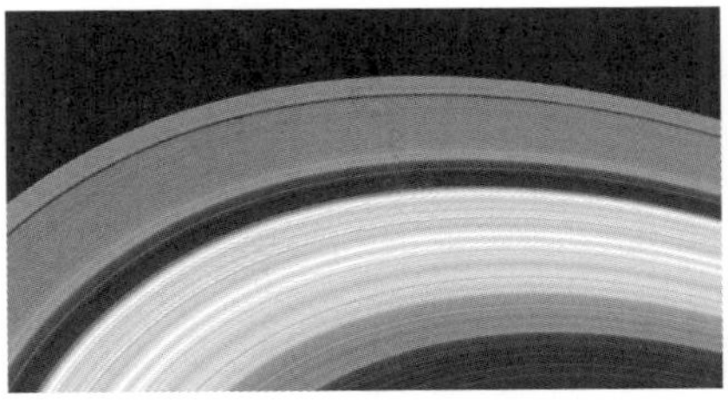

土星環由1000個以上非常細的環聚集而成，縫隙是因衛星重力影響產生。

（NASA/JPL-Caltech/SSI）

土星環的想像圖

根據1977年發射的航海家探測機調查，查明了土星環主要是由小冰粒形成的。

（NASA/JPL/University of Colorado）

31 天王星真的是橫躺著公轉的嗎？

因為天王星自轉軸曾被巨大天體衝撞過而傾斜

天王星是太陽系中僅次於木星、土星的第3大行星。

天王星的冰主成分為水、甲烷、氨等，但大氣中也含有2％左右的甲烷，所以會吸收紅色的光，看起來像是整個天體帶著淡淡的青綠色光芒。

天王星最大的特徵就是自轉軸與公轉面的角度約傾斜97．8度。

也就是說，天王星是橫躺著邊自轉邊繞著太陽的周圍公轉的。

變成這樣狀態的原因，一般認為是因為巨大天體衝擊，使得天王星的自轉軸傾斜，但是不是真的有這樣的衝擊，至今還不確定。

順帶一提，如果看看太陽系其他行星自轉軸的傾斜度，水星幾乎0度、地球為23．4度、火星為25．2度、土星為26．7度。

這樣便能理解天王星的自轉軸有多傾斜了吧。

目前成功接近天王星的，只有1977年8月發射的NASA無人宇宙探測機「航海家2號」一台而已。

那時拍攝到的照片，直到現在也是天王星的貴重資料。

另外，**天王星的衛星現在已經確認了27顆，我們也知道這些衛星是沿著橫躺的天王星赤道面進行公轉的。**

照理說如果行星翻轉，被留在原地的衛星應該會繞著經線的方向公轉才對，但現實並非如此。

所以也有說法是天王星被撞擊的次數，可能不只一次。

天王星的樣貌與構造

NASA/JPL-Caltech

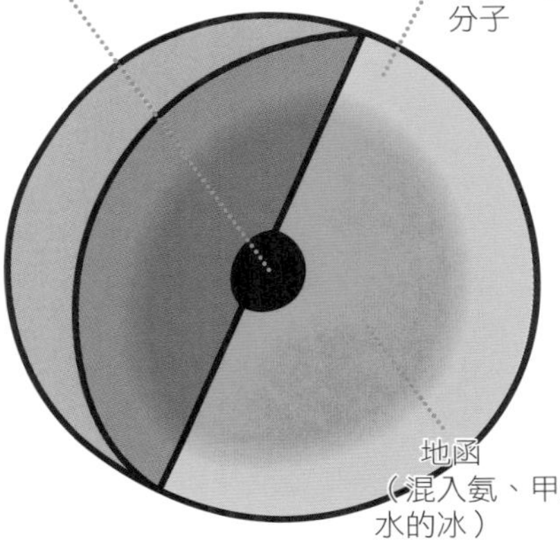
核心（岩石、冰）
含有氦及甲烷、氫分子
地函（混入氨、甲烷、水的冰）

天王星資訊

- 赤道半徑：2萬5559km
- 質量（地球＝1）：14.54
- 軌道長半徑（地球＝1）：19.218
- 公轉週期：84.02年
- 自轉週期：0.718天
- 接收到的太陽輻射量（地球＝1）：0.0027

天王星環

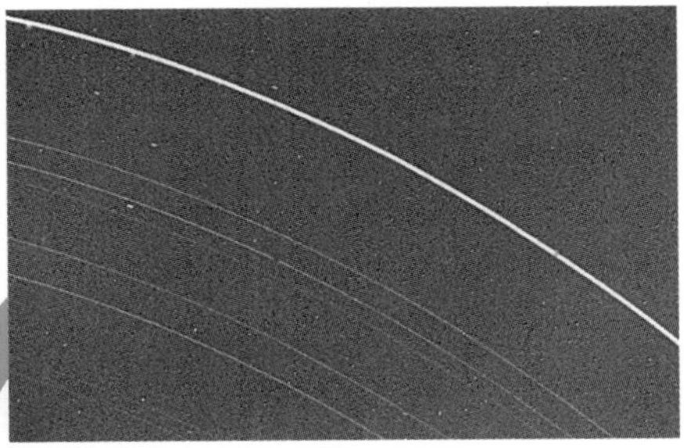

根據航海家探測機的調查，可知有11根環，但還不清楚它們的構造。（NASA/JPL）

天王星橫倒的現象

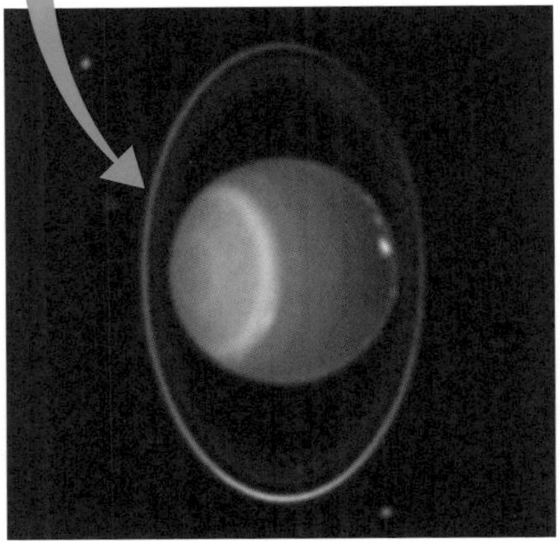

自轉軸與公轉面幾乎一致，所以變得像是橫倒著公轉的樣子。照片是哈伯望遠鏡用近紅外線拍攝的照片。

（NASA/JPL/STScI）

32 海王星還有很多未解之謎嗎？

由於航海家2號的活躍，使得許多謎團得以解開

太陽系的行星中，公轉軌道距離太陽最遠的行星正是海王星。

海王星跟天王星有同樣的構造，都被分類為類海行星，直徑為地球的3.88倍。

大氣成分為氫80%、氦19%、甲烷1.5%，甲烷會吸收紅色的光，所以使海王星的行星整體呈現藍色。

來自太陽的光線很弱，所以大氣的溫度低到負200度以下。

曾接近海王星的探測機只有航海家2號，所以海王星的數據幾乎都是1989年8月由該探測機最接近海王星時所觀測到的。

舉例來說，航海家2號拍下的海王星大氣呈現出線狀圖案。

一般認為那是被高速氣流拉扯成長條狀的雲，而赤道附近的氣流超過秒速300公尺。

另外，航海家2號也接近了海王星最大的衛星特里頓（Triton），並將關於這個衛星的詳細數據送回地球。

根據這些，我們可以知道**特里頓有噴發液態氮及甲烷等氣體的冰火山在活動**。**特里頓和月亮的大小差不多，最大的特徵是逆行**。

逆行衛星就是公轉方向和行星的公轉方向相反的衛星，太陽系中木星有4顆、土星1顆、海王星發現了1顆，其中特別大的衛星就是特里頓。

海王星的樣貌與構造

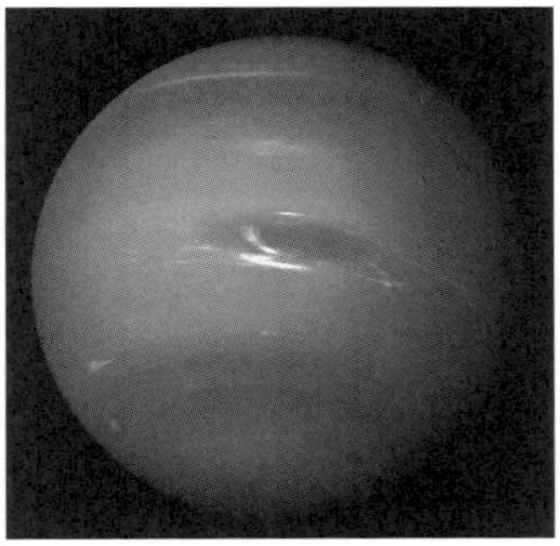

NASA/JPL

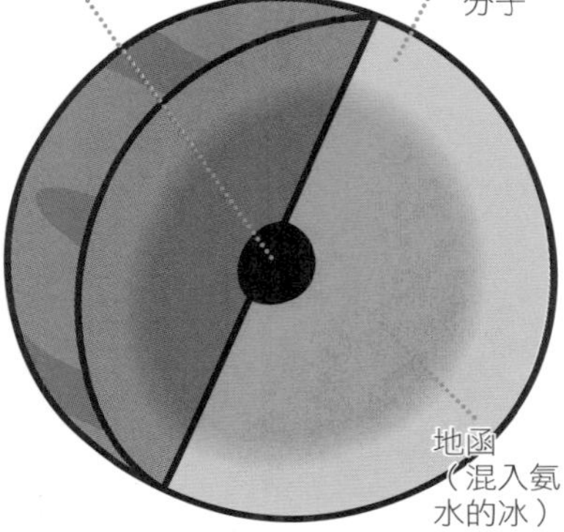
核心（岩石、冰）
含有氦及甲烷、氫分子
地函（混入氨、甲烷、水的冰）

海王星資訊

- 赤道半徑：２萬4764km
- 質量（地球＝1）：17.15
- 軌道長半徑（地球＝1）：30.110
- 公轉週期：164.77年
- 自轉週期：0.671天
- 接收到的太陽輻射量（地球＝1）：0.0011

圖案

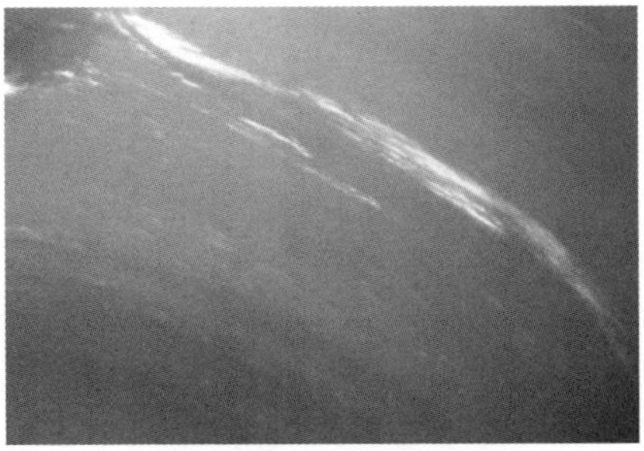

航海家探測機拍射到了白色線狀的模樣，學者認為這是雲被高速流動的氣流給拉長的樣子。
（NASA/JPL）

衛星特里頓有冰火山活動

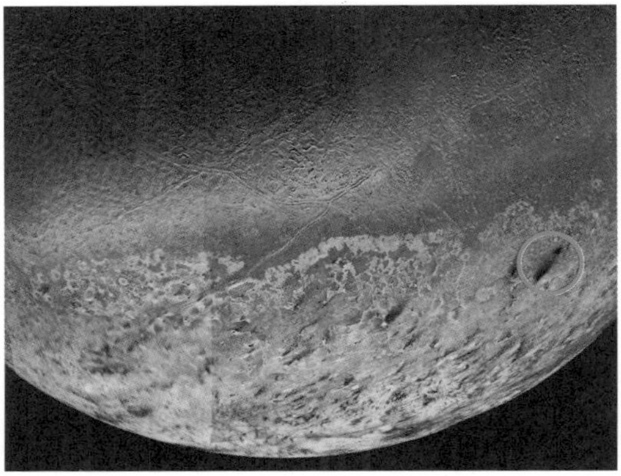

地表溫度為極低的負235℃，圖右側的○所圈出的地方為噴出含冰氣體的火山，由此可看到噴出的煙。
（NASA/JPL）

33 冥王星是怎樣的天體呢？

新視野號收集了詳細的數據

在第78～79頁時曾經提過，冥王星被定義為矮行星。

冥王星的大小比太陽系內的所有行星都小，直徑只有地球直徑的18％左右。

軌道也跟太陽系的行星差非常多，為大而歪斜的橢圓形，公轉環繞太陽一圈需要248年。

2006年1月，探測包括冥王星在內的太陽系外圍天體的NASA無人太空探測船「新視野號」被發射到太空，2015年7月最接近冥王星及衛星凱倫（冥衛一），並仔細傳回了詳細數據。

凱倫星的地表也是那個時候觀察到的。並發現了那裡的**極地區域彷彿有機物質堆積般的紅褐色堆積物，以及赤道附近有像是橫跨衛星般延伸的斷崖。**

冥王星及衛星凱倫

由新視野號拍攝的冥王星（右）及凱倫星（左）的照片合成出的照片。大小比例幾乎是正確呈現，凱倫星以衛星來說相當巨大，所以有人提倡它可能是大碰撞而產生的。

（NASA/Johns Hopkins University Applied Physics Laboratory/Southwest Research Institute）

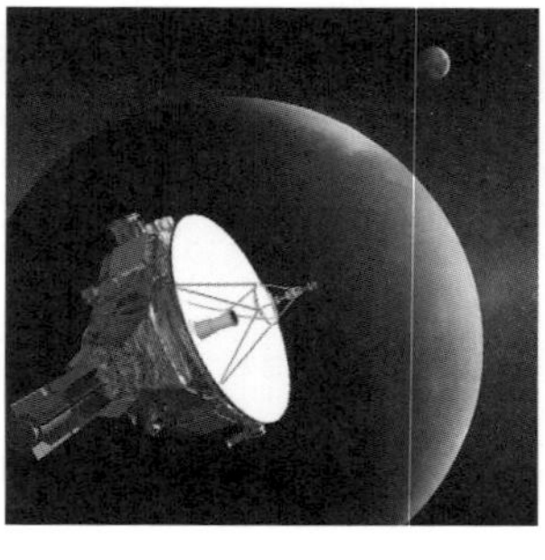

現在新視野號也進入古柏帶繼續調查。

（NASA/Johns Hopkins University Applied Physics Laboratory/Southwest Research Institute）

第 5 章

星座的不可思議——恆星與星系

34

恆星跟行星有什麼不同？

會自己發光的是恆星，不會發光的是行星

恆星是因為觀察到的相對位置「永遠不會變」而被命名為恆星。

我們抬頭看向夜空時，在空中閃耀的星星們除了太陽系的行星外，全都是恆星。**當然，太陽也是恆星的一分子。一般認為光是銀河系，就有1000億顆以上的恆星。**這章節中，如果沒有特別說明的「星」，都是指恆星。

在恆星周圍公轉的天體中，質量大到中心會發生核融合，但不會發出光和熱的天體就是行星（太陽系的行星定義請參照第78頁）。

太陽系的行星包含地球在內，都會因反射太陽光而看起來像是在發光，其他也有介於恆星與行星之間的天體。

恆星是濃縮了在星系中的氣體和塵埃，發生核融合現象而誕生的，若天體的質量在太陽的0.08倍以下，就不會發生這種現象。

這種天體就算發生核融合，反應也會馬上結束，只會發出非常低的輻射量。所以表面會呈現很暗的紅色，被稱為「棕矮星」。

另外也有亮度會改變的恆星，被稱為「變星」，有名的例子如鯨魚座的芻蒿增二（Mira）。

恆星的亮度如果有2等星程度，可以很清楚看見，而最暗可以到10等星，這種亮度的恆星用肉眼是看不見的。

芻蒿增二以332天為一週期反覆進行膨脹和收縮，使得亮度不斷變化，所以被稱為「脈動變星」。

棕矮星的想像圖

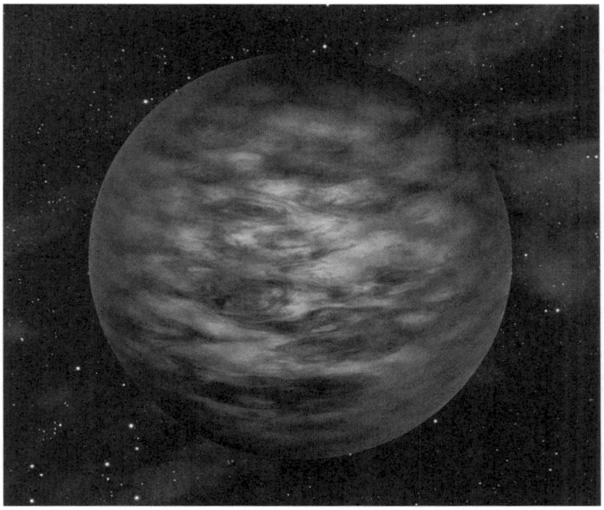

NASA/JPL-Caltech

這是被稱為WISEA J114724.10-204021.3的小質量棕矮星想像圖。因為棕矮星很暗，所以它的樣子沒有辦法被清楚看到。

ALMA望遠鏡所拍到的高齡星Mira周邊氣體雲的分布

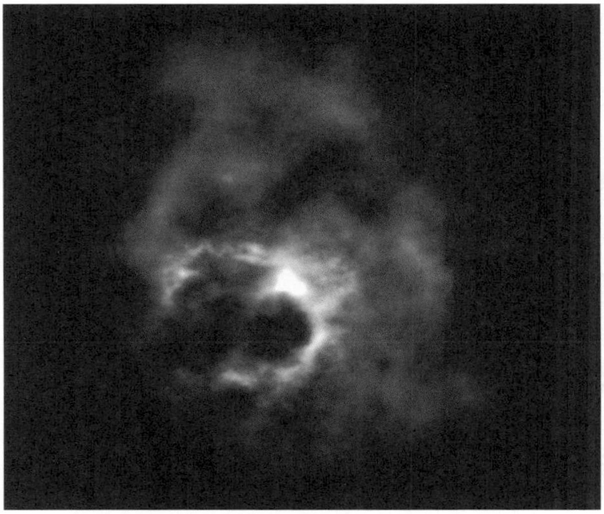

ESO/S. Ramstedt (Uppsala University, Sweden) & W. Vlemmings (Chalmers University of Technology, Sweden)

鯨魚座的恆星 - 變星 Mira 是由兩顆星所聯合的聯星，分別是年紀相當大的紅巨星主序星（Mira A），以及壽命已經結束、變成殘骸的白矮星伴星（Mira B）。照片是 ALMA 望遠鏡觀測到的，Mira A 周邊被 Mira B 噴出的氣體雲纏繞的樣子。

35 星星也有一生是真的嗎？

星星也會上演從出生到死亡的人生劇場

太陽或夜空中發光的眾多星星，都會上演從出生到死亡的戲碼。

而且星球從誕生到成長、死亡的過程，大致上是共通的。

無論是什麼星球，都是星系中的氣體跟塵埃凝聚而成的，所以成分本質上沒有差別。

而且核融合的材料用光後，星球的一生就會結束。

但是如果仔細一瞧，其實依據星球的質量大小，死亡的方式還是會有所不同。

・**質量比太陽的0・08倍還小的星球**

第96～97頁也有提到過「棕矮星」。

它的核心溫度不會升得非常高，所以不會發生核融合，或是在短時間內就反應完了，那之後就漸漸冷卻而結束其一生。

・**質量是太陽0・08到8倍程度的星球**

核心溫度很高，所以氫會發生核融合，在核心的氫用光之前，星球都會持續發光。

當材料用光後，星球就會開始膨脹成「紅巨星」，最後變成「行星狀星雲」，星球的核心則以「白矮星」的形式殘留下來。

太陽的壽命大約有100億年左右，然後就會以這樣的方式過完一生。

・**比太陽質量大10倍的星球**

核融合反應會使原子從氫變成氦，接著氦變成氧、碳，最後變成鐵。

到此階段後核融合就不會繼續進行，會開始膨脹而變成「紅超巨星」。

接著，因自身重力使得星球開始崩壞，發生「超新星爆炸」。

因質量而有所不同的星星的一生

●質量大小【以太陽為準】

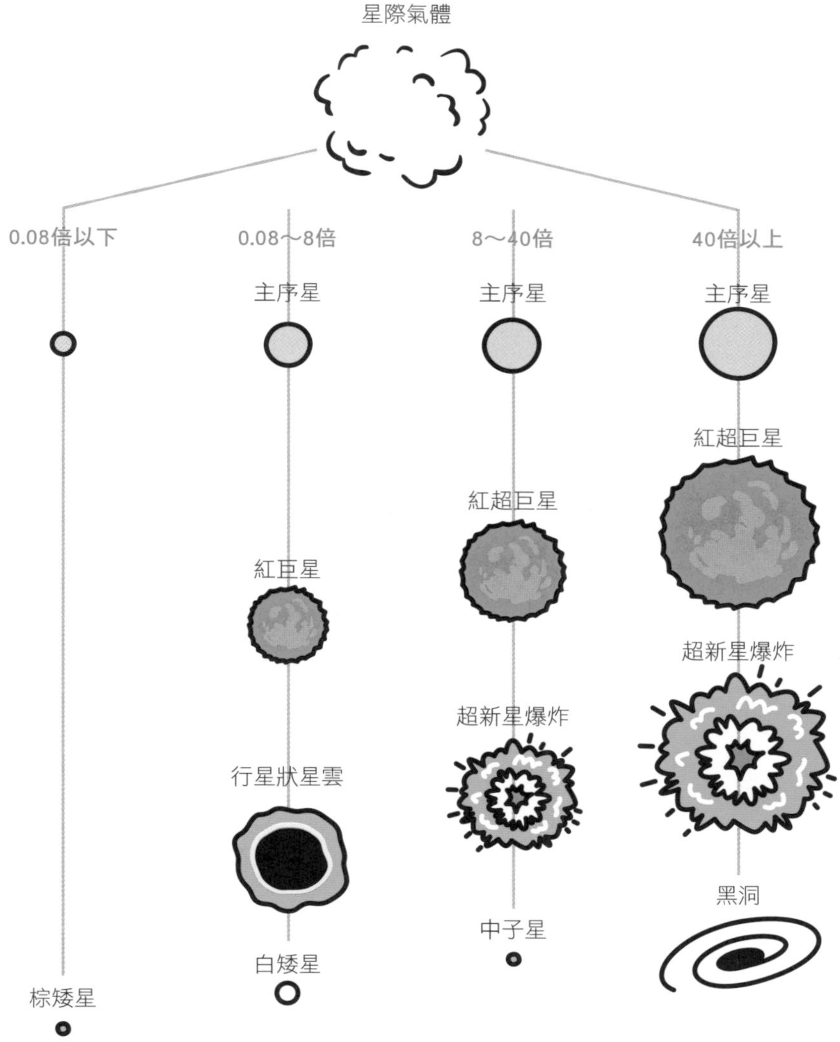
星際氣體
0.08倍以下
0.08～8倍
8～40倍
40倍以上
主序星
主序星
主序星
紅超巨星
紅超巨星
紅巨星
超新星爆炸
超新星爆炸
行星狀星雲
黑洞
中子星
白矮星
棕矮星

比太陽輕很多的星球不會成為主序星，燃料氫一旦減少就會漸漸毀滅，變成暗而小的棕矮星。

太陽的0.08～8倍左右的恆星，變成紅巨星後外層會擴散到太空中，成為行星狀星雲，而白矮星會殘留在中心部分。

太陽的8～40倍左右的星體成為紅超巨星後，會發生超新星爆炸，成為中子星。

擁有太陽40倍以上巨大質量的星球在變成紅超巨星以後，會發生超新星爆炸，然後成為黑洞。

典型的星球壽命為數千萬年左右，爆炸時會製造出各種元素，並釋放到太空中，同時也會留下「中子星」或「黑洞」等超高密度的天體。

所以在夜空中發光的星星不全都是同一種顏色，有發著青白色光芒的，也有發出紅色光芒的。

星球的顏色是由星球的表面溫度來決定。**藍色的星球溫度高，紅色的星球溫度低。**

20世紀初，丹麥的埃希納・赫茨普龍和美國的亨利・諾利斯・羅素發現星球的顏色與溫度、亮度有關係。

根據他們的研究製作出的是表示各恆星分布的赫羅圖（Hertzsprung-Russell diagram），縱軸是以太陽為基準的光度（絕對星等），橫軸是依據恆星表面溫度。

赫羅圖上可看出恆星分為3個集團。

一是被稱為主序星的集團，占恆星的約90%。

太陽就是這種。

這個集團的分布是由赫羅圖的右下角切入中間，一路延續到左上角。

第2個集團是分布於赫羅圖右上角的低溫度巨星、超巨星集團，紅巨星是屬於這個分類。

第3個集團分布於赫羅圖左下角，溫度高又體積小的白矮星集團。

根據赫羅圖，就算是第一次發現的恆星，只要知道其亮度跟溫度，就可以知道是哪種星球。

這個圖的出現，可說是整頓了後來恆星天文學的基礎。

赫羅圖

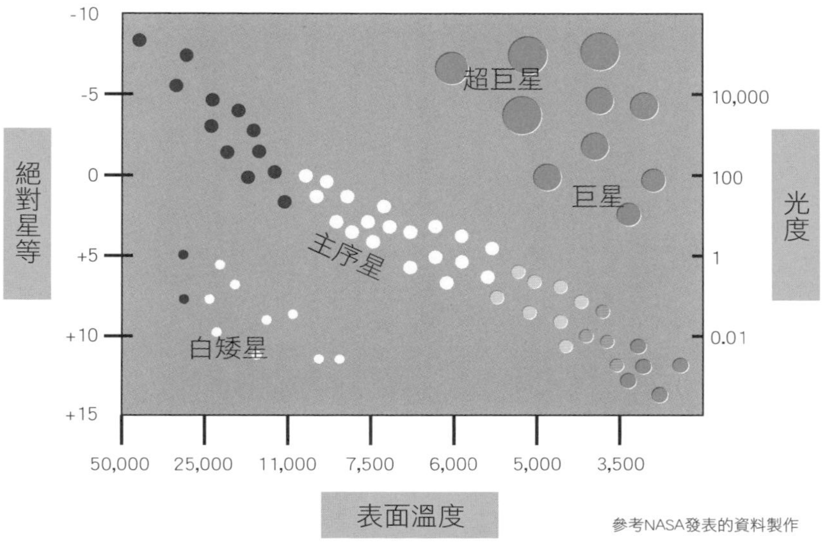

參考NASA發表的資料製作

恆星的顏色和溫度分類

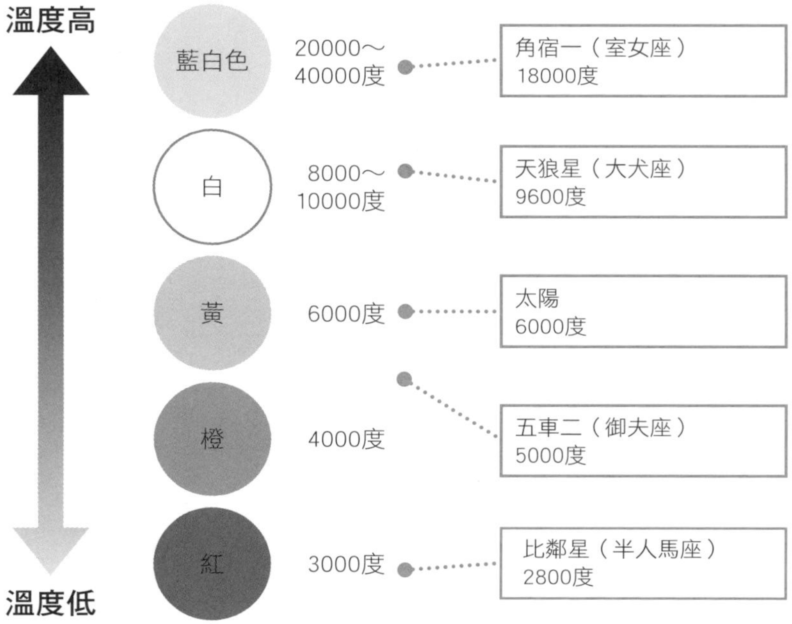

36 超新星爆炸會發生什麼事？

比鐵還重的元素會被大量釋放到太空中

質量比太陽大10倍以上的星球，會有許多做為核融合燃料的氫元素。

但也因此星球核心會成為高溫高壓狀態，核融合會激烈進行，短期間內用完燃料後，星球的生命就會迎來終點。

質量更大的星球如果失去燃料，在核融合停止後，星球中心會充滿鐵。

本來星球就會因自己的重力而不斷內縮，但在核融合持續的期間，星球形狀會因能量而不至於崩潰。

但是核融合結束後，核心幾乎都已化為鐵，星球瞬間就會崩塌，而反作用力導致大爆炸發生，把星球外部給吹飛出去。

這個爆炸就稱為「超新星爆炸」。

這實際上是年老星球的死亡，但因爆炸而放出強烈的光芒，會使得爆炸看起來像是有新的星球誕生，所以被稱為超新星。

超新星爆炸的結果有兩種，一是星球塞滿構成原子的基本粒子之一「中子」，成為中子星；或者當質量為太陽30倍以上的星球爆炸，就會留下黑洞。

1立方厘米的中子星重量約有10億噸。

實際上，在宇宙剛誕生的時候，只存在氫和氦這些輕元素。

但不只是行星，我們人類的體內也是要有重元素才能形成。

這些重元素就是透過恆星的核融合和超新星爆炸的時候製造出來，並釋放到太空中的。

如果沒有超新星爆炸的話，我們這些生命也就不會誕生了。

超新星爆炸的殘骸

NASA, ESA, J. Hester and A. Loll (Arizona State University)

金牛座的超新星殘骸別名「蟹狀星雲」，該星是在1054年引發超新星爆炸。這件事在中國及日本文獻都有記載。爆炸的殘骸直到現在也還在繼續膨脹。

大質量星球因重力崩壞而發生爆炸的背後機制

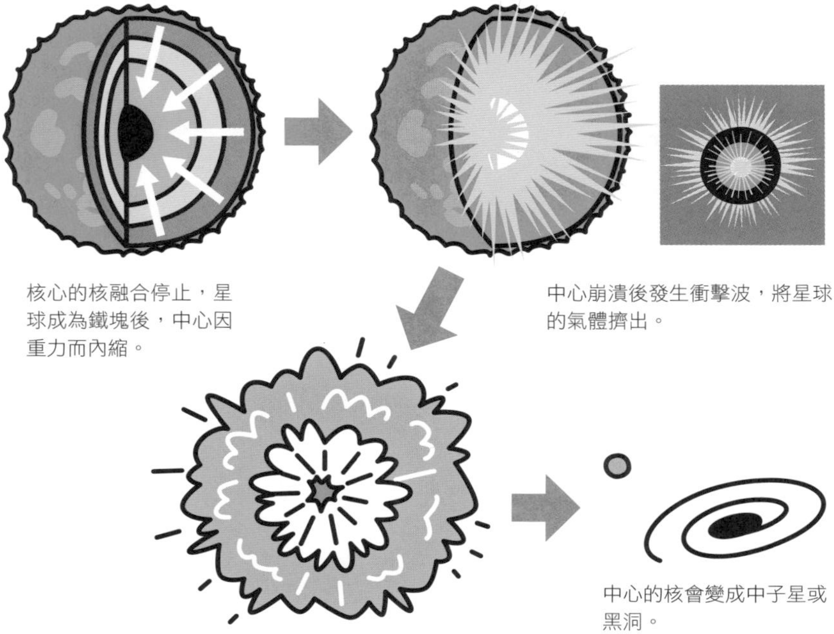
核心的核融合停止，星球成為鐵塊後，中心因重力而內縮。
中心崩潰後發生衝擊波，將星球的氣體擠出。
爆炸。
中心的核會變成中子星或黑洞。

37 黑洞是怎麼形成的？

超新星爆炸後因本身重力而不斷收縮產生

黑洞是由太陽質量30倍以上、質量非常巨大的星球死亡後產生。

超新星爆炸後殘留下的星球核心部分會因本身的重力而不斷收縮，變得無限小而成為一個「點」，相反地，密度會成為無限大。

在那個點中，所有的物理法則都無法作用，光也沒辦法逃走。

那麼，這個不會發光的天體，是怎麼被發現的呢？

關鍵在於X射線。

太陽是一個單獨存在的恆星，但宇宙中還有許多2個恆星形成的聯星。

聯星是由2個星球互相繞著旋轉，其中一個如果變成了黑洞，則另一個星球的氣體會被吸過去。

氣體被吸入黑洞時溫度會變得非常高，並放出X射線。

換言之，如果觀察X射線，就會發現黑洞的存在，這稱為「間接證據」（情況證據）。

黑洞是愛因斯坦的相對論曾預言會出現的天體。

當初這完全只是個理論上的天體，並沒有被確認真實存在。

但是後來學者開始使用X射線進行觀測，而在1970年，發現了名為「天鵝座X-1」的黑洞。

以此為契機，發現了許多被視為黑洞的天體，黑洞的存在也獲得了證實。

2019年　史上初次成功拍攝黑洞影像！

EHT計畫拍攝到的
M87中心的黑洞影像。　EHT Collaboration

橢圓星系M87的可視光照。　ESO

2019年4月10日，以拍攝黑洞為目標的國際合作研究團隊，拍到了巨大黑洞的影像，並對外發表終於成功證明了黑洞的存在。做為觀測目標的是位於5500萬光年外的橢圓星系M87中心的巨大黑洞，上圖影像中白色環狀所圍繞的黑色部分即是黑洞的影子。白色環是由黑洞周圍的高熱氣體發射到地球的光。

連結各地的電波望遠鏡，形成地球大小的虛擬望遠鏡

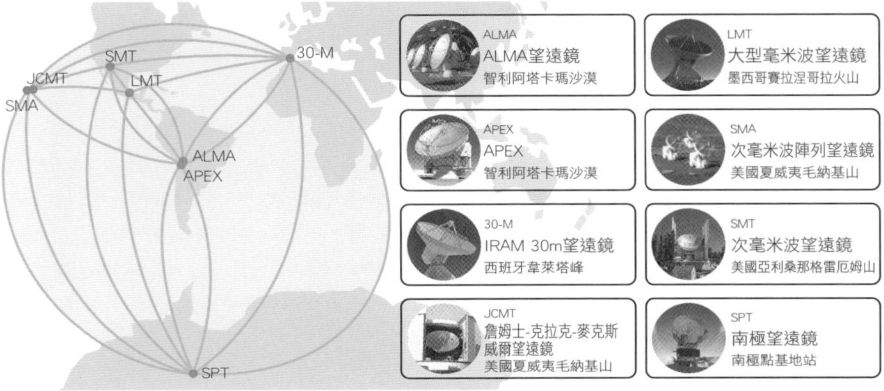
SMT
30-M
JCMT
LMT
SMA
ALMA
APEX
SPT
ALMA
ALMA望遠鏡
智利阿塔卡瑪沙漠
LMT
大型毫米波望遠鏡
墨西哥賽拉涅哥拉火山
APEX
APEX
智利阿塔卡瑪沙漠
SMA
次毫米波陣列望遠鏡
美國夏威夷毛納基山
30-M
IRAM 30m望遠鏡
西班牙韋萊塔峰
SMT
次毫米波望遠鏡
美國亞利桑那格雷厄姆山
JCMT
詹姆士-克拉克-麥克斯威爾望遠鏡
美國夏威夷毛納基山
SPT
南極望遠鏡
南極點基地站

2017年進行觀測時的EHT望遠鏡配置圖。　NRAO/AUI/NSF

成功拍到此照片的是「事件視界望遠鏡」（EHT）這個計畫。全世界超過200位天文學家合作，連結座落於世界各地8個地方的電波望遠鏡，做出地球尺寸的望遠鏡。而2017年4月進行的觀測，成功拍到了黑洞的樣貌。

38 星系是由恆星聚集形成的嗎？

光是銀河系就有1000億個以上的恆星

我們所居住的地球是繞著太陽公轉的行星。

包含地球在內共有8個行星，還有以月亮為首繞行星公轉的衛星，和無數的小型天體，這些天體所構成的就是太陽系。

而聚集了1000億個以上像太陽這樣恆星的，就是銀河系。

星系就是由數10億到數千億個恆星，因彼此的重力而聚集在一起形成的。

星系的大小從數千光年到10萬光年以上都有，形狀也是各式各樣，有漂亮的漩渦狀，有些則是沒有明顯漩渦的不規則狀。

我們很容易覺得太陽系就是太陽系的行星繞著靜止的太陽旋轉。

但實際上，太陽本身也在高速移動，所以太陽系全體都是高速移動中的。

其速度為秒速約240公里！

太陽系以這樣的速度在銀河系中移動，大約每2億2000萬年到2億5000萬年可以繞行一周。

另外，不同的星系之間也會因重力而聚集，形成星系群。

擁有數10個星系的群體被稱為「星系群」，銀河系也屬於「本星系群」。

本星系群的3個主要星系為仙女座星系、銀河系、三角座星系，總計則是由將近50個星系所構成。

而更進一步，由100個到1000個星系所構成，聚在約1000萬光年空間中的就是「星系團」了。

星系的群體構造

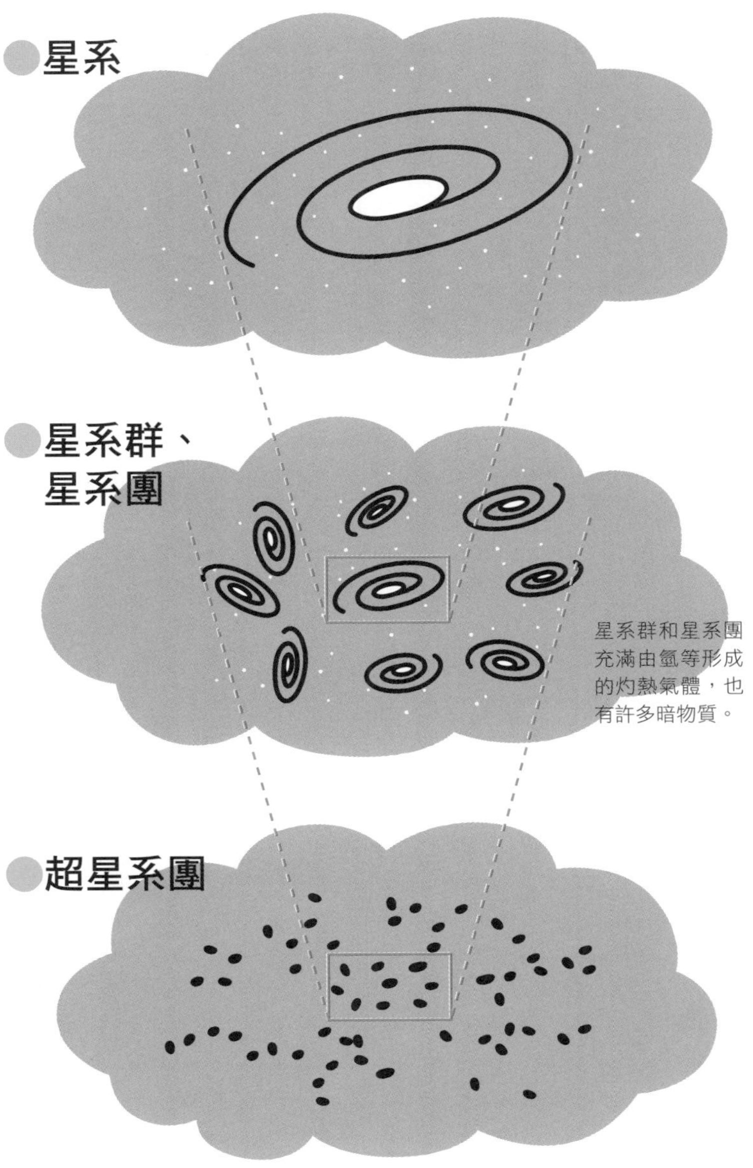
星系
星系群、
星系團
星系群和星系團充滿由氫等形成的灼熱氣體，也有許多暗物質。
超星系團

由星系群或星系團聚集在超過1億光年以上空間的就是「超星系團」，目前已發現了10個以上。我們銀河系隸屬的本星系群屬於室女座超星系團的一分子，其中心部分因室女座超星系團的重力而聚集在一起，以每秒300公里的速度在移動。

39 銀河系附近有怎樣的星系？

我們第1章（參照第28～29頁）有提到，40億年後我們的銀河系跟仙女座星系會相撞並合體。

那麼，這個仙女座星系是怎麼樣的天體呢？

仙女座星系跟銀河系都屬於本星系群的一部分，換言之，就是銀河系裡的「鄰居」。

仙女座星系是本星系群中最大的螺旋星系，約有1兆個恆星，圓盤部分的直徑約為20萬光年。

秋天在北半球可以用肉眼觀察到它。

我們還知道，在仙女座星系的中心部分，有比銀河系中心質量更大的巨大黑洞。

另外，根據X射線觀測，仙女座的中心區域還有很多其他的黑洞。

從地球可以用肉眼看到的星系有3個

地球上可以用肉眼觀察到的星系還有2個，就是南半球可以看到的大麥哲倫星系及小麥哲倫星系。

在16世紀，南半球天空的銀河系旁可以看到像雲一般的天體，這件事被航海家麥哲倫記錄下來，這就是星系名字的由來。

大麥哲倫星系距離銀河系16萬光年，大小是銀河系的10分之1左右；小麥哲倫星系的距離是20萬光年，星系本身比大麥哲倫星系小。

另外，1970年發現了連結2個星系，長長延伸出去的「麥哲倫流（The Magellanic Stream）」。

一般認為那是由中性氫氣體所形成的氣流。

仙女座星系

NASA/JPL/California Institute of Technology

仙女座星系是我們所屬的本星系群中最巨大的一個星系。

麥哲倫雲

日本國立天文台

這張照片同時拍攝了ALMA天文望遠鏡的山頂設施（標高5000公尺）中持續進行觀測的天線們，以及南半球天空中代表性的星星們。照片右側可見到有點模糊的雲狀天體，那是銀河系隔壁的小星系大麥哲倫星系（上）和小麥哲倫星系（下）。

40 星系間相撞是很常見的事嗎？

如果把時間拉長到10～100億年的話，是很常見的現象

銀河系和仙女座星系會相撞……。

雖說如此，但那也是40億年後的事了，覺得難以置信的人應該也很多吧。

究竟星系間相撞是怎樣發生的呢？

說到星系，會有星球很密集的印象，但實際上，密集度是非常低的。

另一方面，星系與星系間的距離則意外地近。

銀河系是所屬的本星系群中的一個星系，如果要以1公分的球來比喻，就像是有將近50個球，以10公分到1公尺的間隔距離被放在一起。

星系會因彼此重力的作用而聚在一起，所以以10～100億年的單位來看，要移動卻完全不互相接觸到彼此是很困難的。

但是就算星系間以高速相互衝撞，因為星系內是相當鬆散的狀態，所以也不會發生什麼具破壞性的撞擊。

星系有各種形狀，有的不規則星系的構造不是橢圓或漩渦這種固定的形狀，這種星系一般認為是因星系衝撞及重力相互作用而造成的。

星系經常會形成群體（第106～107頁），這些星系團的中心部分，通常會有巨大的橢圓星系。

這個橢圓星系，也被認為是由許多星系互相衝撞並合體而成的。

星系間的衝撞

NASA; ESA; Z. Levay and R. van der Marel, STScI; T. Hallas; and A. Mellinger

一般認為40億年後銀河系跟仙女座星系會相撞，但這不會是突然發生的事，而是橫跨數10億年的事件。這張圖畫的是靠近銀河系的仙女座星系，造成銀河系扭曲的想像畫面。

41 宇宙中的長城是什麼？

在太空中形成的「萬里長城」

1989年，哈佛－史密松天體物理中心的瑪格利特・蓋勒（Margaret Geller）和約翰・修茲勞（John Huchra）發現了距離地球約2億光年的地方，有一個巨大的構造。

長約5億光年、寬約3億光年的巨大星系團中有著像是「牆壁」的構造，這就是「長城（Great Wall）」。

命名由來是「萬里長城（The Great Wall of China）」。

但是目前發現的長城，到底是全部還是整體的一小部分，至今還不明朗。銀河系的光會妨礙觀測，所以沒辦法看到完整的樣貌。

那麼長城是怎麼形成的呢？

現在的推測是，星系會沿著暗物質分布成連續的長線狀，所以形成這樣的構造。

暗物質會因重力而吸引天體，因此看起來會像是製造出一個又長又薄的超星系團之牆。

暗物質雖然有質量，但沒辦法用一般的觀測方法檢測，所以到現在還無法了解其性質。

除了暗物質假說的說法外，還有至今尚未發現的基本粒子等。

遠離的天體所放出的光的譜線，會移向波長較長的部分（＝紅色光波），這個現象稱為「紅移」。

應用這個方法，可以正確觀測到遠方的星系距離，所以才能發現長城的存在。

原初長城及怪獸星系的想像圖

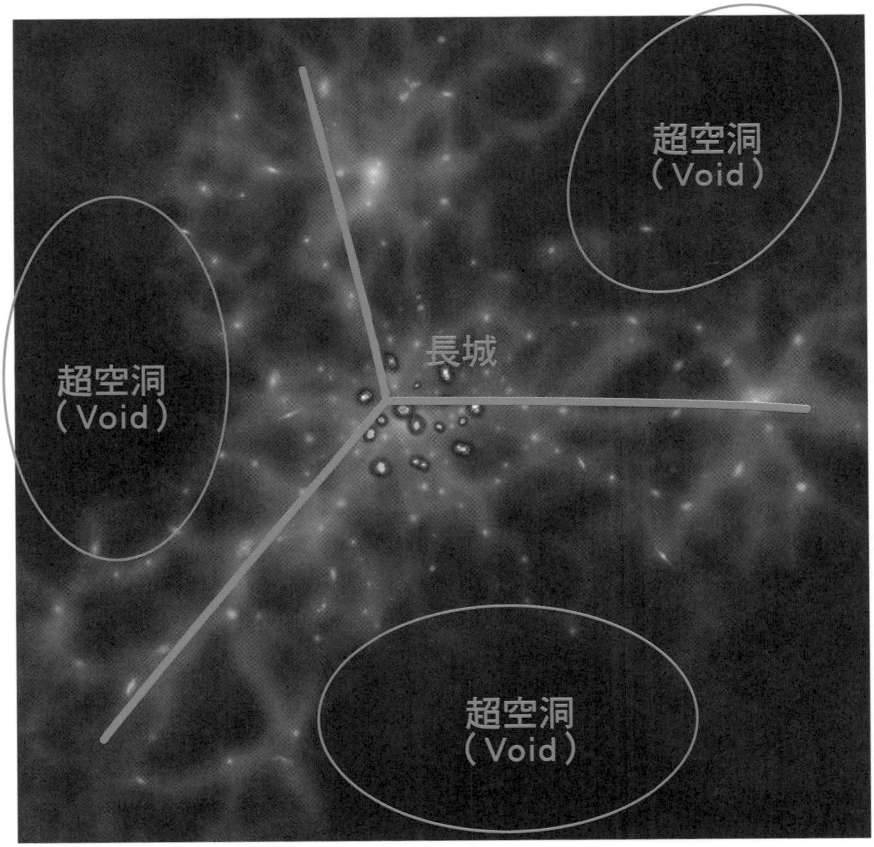

ALMA(ESO/NAOJ/NARAO),NAOJ,H.Umehara

年輕銀河分布成橫跨了約5億光年的纖維狀大尺度構造「原初長城」。一般認為其中心部分誕生了幾個怪獸星系。Void則是指什麼都沒有的超空洞（參照114～115頁）。

42 宇宙是怎樣的構造？

數10個星系聚集形成星系群，而100個～1000個以上聚集就形成了星系團。

然後，星系團聚集形成的就是超星系團這樣的大集團，屬於整個宇宙的一部分。

那麼宇宙整體的構造又是怎麼樣的呢？

1980年代，在數億光年的彼端，距離約2億光年的地方有個幾乎觀測不到星系的空洞般的地方。其後也發現了數個類似的空洞。

像這種沒有星系的巨大空間被稱為「超空洞」，又或者會以英文的「Void」來稱呼。

這個發現使得我們得以知道星系不是平均散布在太空中。

宇宙是由像是骨架般相連的綿長線狀「大尺度纖維狀結構」，以及其間的超空洞交錯組成的大規模結構。

宇宙的構造跟泡沫類似

類似於肥皂形成泡沫後堆疊成的樣子，而星系就像是集中在泡沫表面般。

這被稱為「宇宙的大尺度結構」或「宇宙的泡沫結構」。

一般認為是暗物質形成了這樣的結構。

灼熱的氣體和暗物質在大霹靂後的宇宙擴散開來，一般認為那時候暗物質聚集成塊，而形成了這樣大尺度結構的基礎。

宇宙形成泡沫般的結構

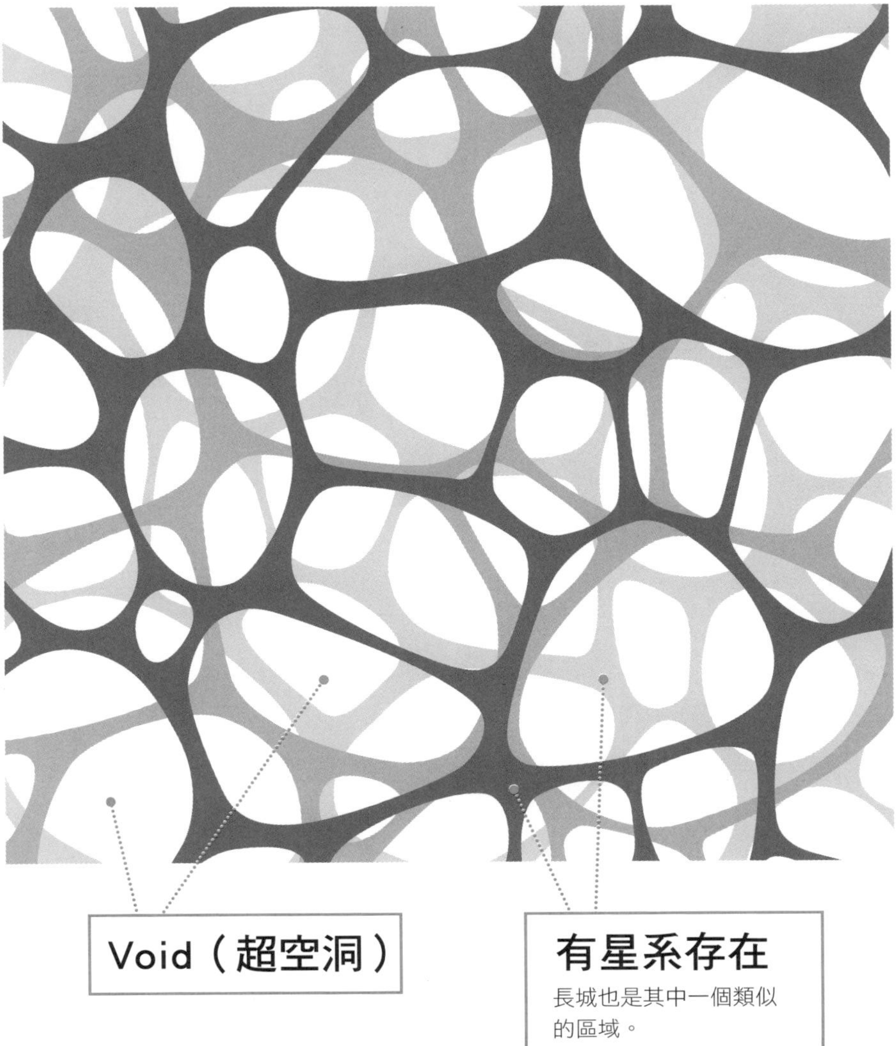
Void（超空洞）
有星系存在
長城也是其中一個類似
的區域。

宇宙裡分散著沒有星系存在的空洞（Void）區域，這之間則由被稱為大尺度纖維狀結構的星系帶連結，換言之，宇宙是由纖維狀結構和超空洞交錯形成的泡沫狀結構。

宇宙專欄

發現跟地球相似的7個行星！

距離地球約39光年的地方有個名為「TRAPPIST-1」的恆星。

2017年2月，這個TRAPPIST-1的周圍發現了7個與地球相當類似的行星。

TRAPPIST-1的行星現在被認為是探索生命存在的最佳環境。

理由主要可分為兩點。

首先在7個星球中，少說也有3個行星和位於中心的TRAPPIST-1距離處於相當平衡且適合孕育生命的理想距離。

另一點是因為距離太陽系很近，如果調查行星的大氣層，可能可以發現生物存在的間接證據也說不定。

現在許多學者開始試圖探究TRAPPIST-1的行星系是否有生命存在。

NASA的克卜勒太空望遠鏡現在也在找尋是否還有這7個以外的行星。

另外，哈伯望遠鏡則在調查行星的大氣層。

預計於2019年發射的詹姆斯・韋伯太空望遠鏡如果能順利運作，應該可以更仔細觀測TRAPPIST-1的行星群。

這些調查持續進行下去的話，像是發現地球外生命體等，將會有數不盡的可能性及話題吧。

第 6 章

目前最新的宇宙論

43 宇宙的成分是什麼？

普通物質只占整體的4%，96%為不明成分

實際上，透過我們的肉眼及望遠鏡所見到的宇宙，只是由質子及中子等「一般物質」所形成的一小部分而已。

目前已知宇宙中除了這些一般物質外，還有眼睛看不見的物質及力量。

至於為什麼我們會知道，是因為如果宇宙中只有一般物質的話，光憑這些物質的重力，沒辦法讓星系高速旋轉，並吸住周遭的行星和微行星。

發現這件事的是美國的學者薇拉．魯賓（Vera Rubin）。

1983年的時候，她檢視了恆星的公轉速度和從恆星核心開始算的距離，發現所有星系的恆星公轉速度都太快了，因此，星系本身的質量應該比我們所見的來得更大。

換言之，這個宇宙中還大量存在著眼睛看不見的物質。正是這些物質支持了宇宙的基本結構。

更進一步地說，我們可以得知那些物質的量，至少是肉眼可見物質的5倍以上。

這些擁有質量並對周圍產生重力、眼睛卻看不見的神祕物質，被稱為「暗物質（Dark matter）」。

雖然現在也還不能用電波望遠鏡直接觀測到暗物質，但從其他天體被重力影響扭曲的重力作用，我們就可以間接了解有某種巨大的質量存在。

而在2018年，日本國立天文台的學者們也成功地讓大範圍的暗物質變得可見。

因此，我們才得以確認了暗物質就像是網眼般將星系連結在一起。

宇宙的組成要素

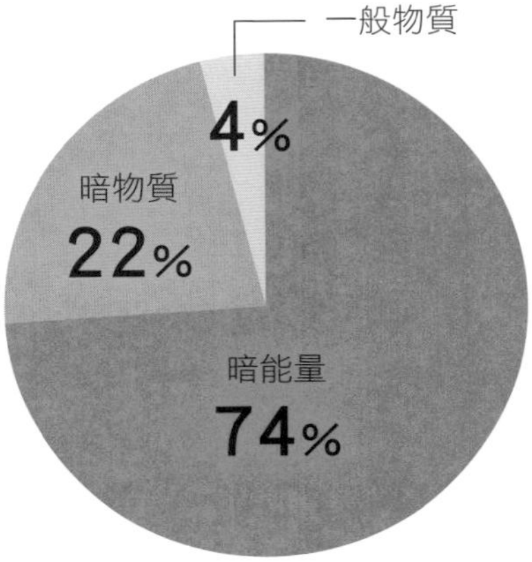

構成宇宙的要素中，一般認為除了基本粒子這種一般物質外，還有暗物質及暗能量（參照第120～121頁）。我們眼睛所見的，只有宇宙的一小部分而已。

暗物質的角色

在星系中

暗物質會吸引住高速旋轉的星球或氣體，調節其速度，使星球不會被拋出星系。

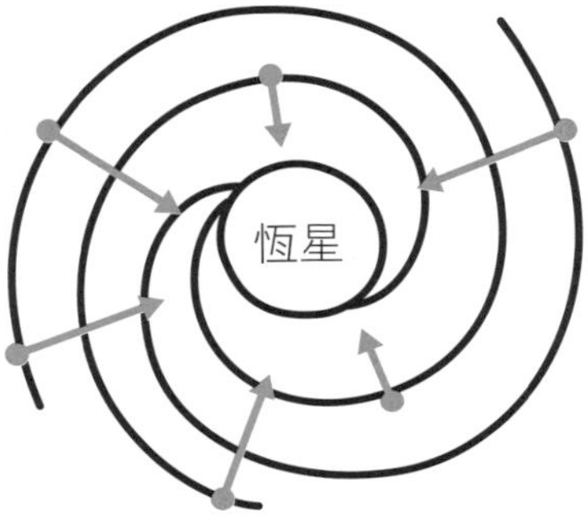

在星系團中

暗物質會拉住因重力而不斷運動的星系，使其不會遠離星系團。

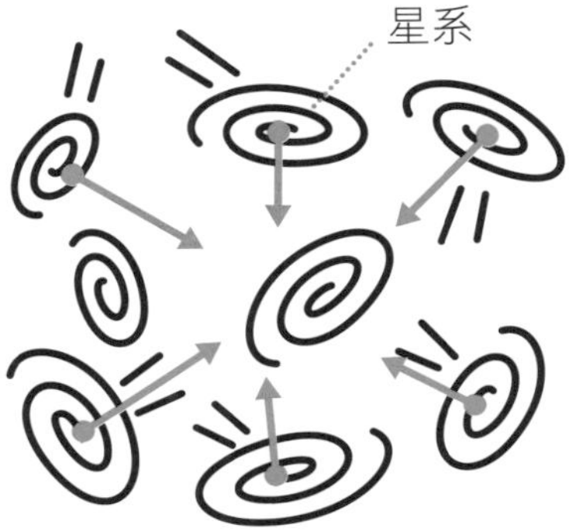

44 宇宙的膨脹正在加速是真的嗎？

大約從60億年前就開始加速了

確定宇宙會膨脹，是在1920年代的時候。

美國卡內基科學研究院天文台的學者埃德溫·哈伯發現宇宙中的星系離地球愈遠的，會以愈快的速度遠離地球，因此了解了宇宙正在膨脹（哈伯-勒梅特定律）。

但是當時學者認為宇宙的膨脹可能是延續自大霹靂，或許總有一天，膨脹速度會減緩並開始收縮。

而1998年卻發現了驚人的事實，**宇宙的膨脹不但沒有趨緩，反而還加速了**。

觀測遠方星系中的超新星的亮度時，發現以60億年前做為分界點，之前的星球會比理論預測來得明亮，之後的則比預測來得暗。

比預測來得暗，意味著星球遠離的速度變快了，換言之就是膨脹加速了。

而讓宇宙像這樣膨脹的能量，就被稱為「暗能量（Dark energy）」。

一般認為大霹靂的源頭是宇宙暴脹，而讓宇宙暴脹的「真空中的能量」，應該跟暗能量是同樣的東西。

從多種觀測結果來推測，暗能量約有氫及氦等一般物質的18倍，以及暗物質的3倍，但還有很多未解的謎團。

不過，這些暗能量跟膨脹中的宇宙的未來，必定有所關聯。

持續膨脹的宇宙未來想像圖

大撕裂說

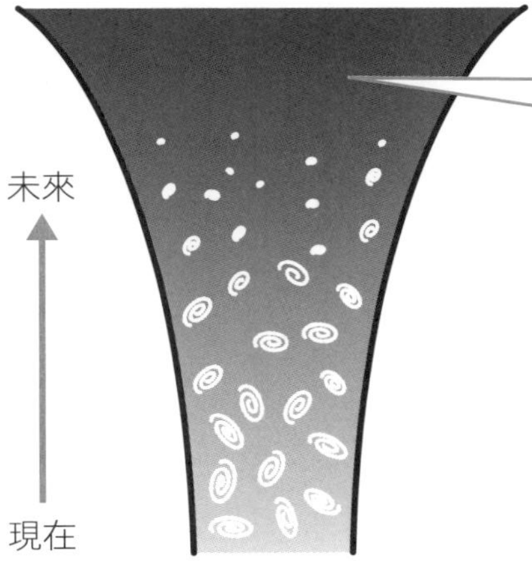

暗能量的增加使得宇宙不斷膨脹，拉扯並扯斷物質，最後一切將消失。

讓宇宙膨脹的暗能量增加會讓重力提升，使得宇宙膨脹加速。而膨脹也使得基本粒子都受到拉扯、斷裂，最後宇宙將歸於虛無。

大擠壓說

（不考慮暗能量的存在）

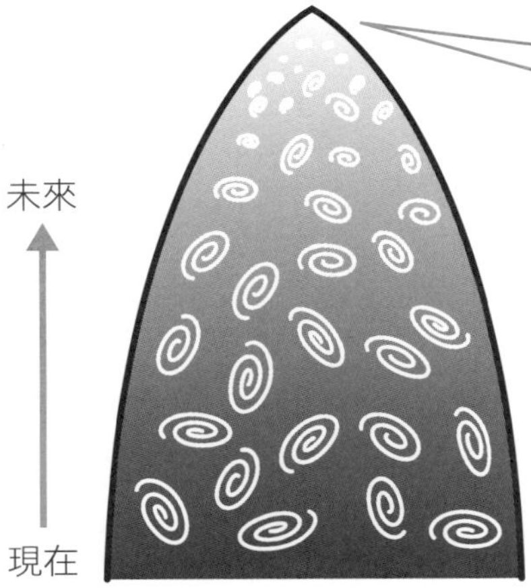

宇宙因重力而收縮，最後會凝聚為1點。

若宇宙的物質密度增加，則宇宙的膨脹速度會趨緩，接下來，宇宙就會因本身的重力而開始收縮，最後就是化為一個黑洞。

45 有可以解答整個宇宙謎團的方程式嗎？

答案在愛因斯坦的方程式中

現在宇宙論的基礎是「相對論」。

這是1900年代由德國的物理學者阿爾伯特．愛因斯坦所提倡的物理理論。

相對論是把「物體若以同樣的速度進行運動，則將會與停止的時候發生同樣的物理現象」這個相對原理化為理論。

愛因斯坦在相對論中解開光速與時間和空間的關係，並證明了重力會使得時空扭曲。

簡單來說，就是以下幾點：

1. 沒有比光速更快的速度。
2. 以接近光速的速度運動的物體，看起來會像是縮小了。
3. 以接近光速的速度運動的話，時間會變慢。
4. 質量大的物體周遭，時間會減緩。
5. 質量大的物體周遭，空間會扭曲。
6. 質量等於能量。

現在的宇宙論正是立基於這個理論。

愛因斯坦在完成相對論後，發表了「靜態宇宙的模型」。

這就是「愛因斯坦方程式」。

而為了證明愛因斯坦所相信的「宇宙是靜止不變的」論點，他加上了宇宙學常數。

而1922年，俄羅斯的傅里德曼解開愛因斯坦方程式，並發表了證明「宇宙並非一成不變」的3種情形。

雖然很諷刺，但沒想到正是愛因斯坦的方程式，成為了解開整個宇宙不斷變化之謎的方程式。

愛因斯坦重力場方程式

$$G_{\mu\nu} + \Lambda g_{\mu\nu} = \kappa T_{\mu\nu}$$

宇宙常數

$\Lambda g_{\mu\nu}$ 的宇宙常數是用來表示宇宙為了不因自身重力收縮成1點，而相互遠離的作用力（斥力）。愛因斯坦為了證明「宇宙是靜態的」而在方程式中補充、修正了這個常數。但是，因為現在發現了暗能量的存在，所以這個常數重新被定義為作用於宇宙的未知能量。

傅里德曼的3個宇宙模型

❶ 封閉宇宙

宇宙中存在的物質密度很高，重力膨脹的速度也跟著增加，這使得宇宙擴張速度趨緩，最終會收縮。（大擠壓說，121頁）

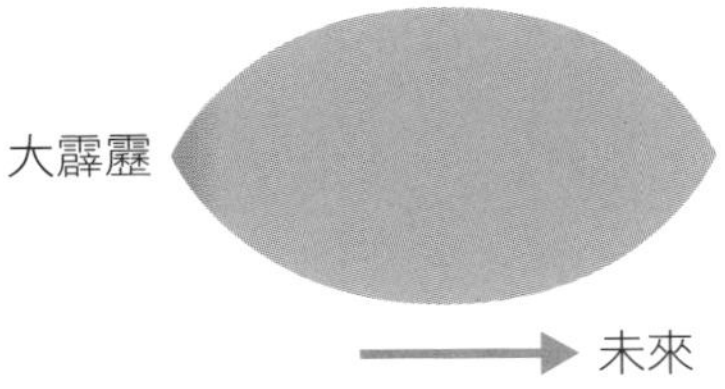

❷ 平坦宇宙

宇宙中存在的物質密度與膨脹力量相等的話，膨脹不會停止，宇宙會永遠持續擴張。

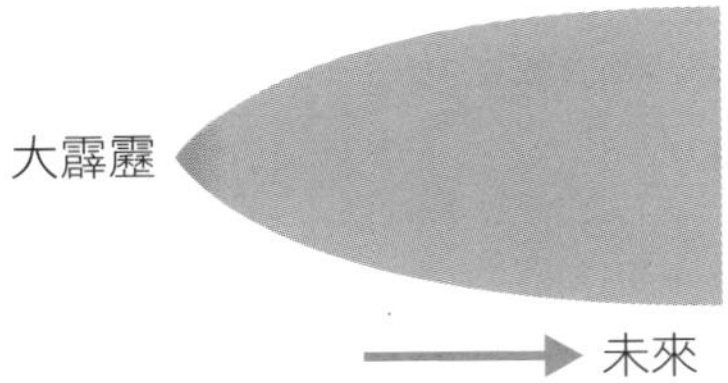

❸ 開放宇宙

宇宙中存在的物質密度低，而膨脹的力量較大的話，宇宙會無限制地擴張下去（與封閉型宇宙相反）。

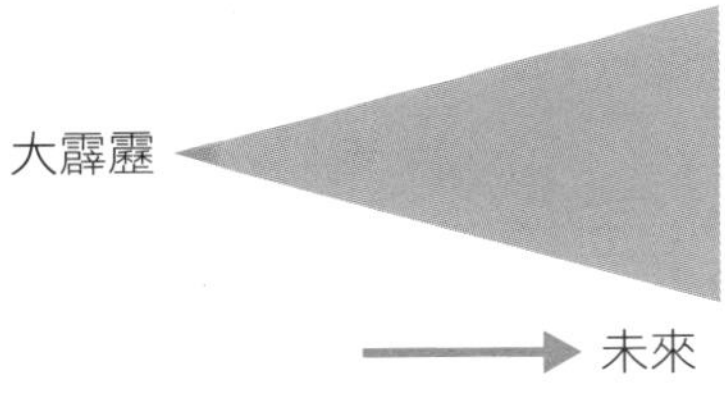

46 大霹靂是如何發生的？

契機是能量的超膨脹

一般認為宇宙是在138億年前，從「無」的1點中擴張開來的。

「無」中塞滿了「真空能量」這個巨大能量，而一般認為這和現在讓宇宙持續擴張的暗能量屬於同樣的能量。

真空能量因「物態變化（相變）」現象而受到解放，使得宇宙開始膨脹。

簡單說明「相變」這個現象，就是物質從氣體轉換成液體，再轉換成固體的現象。

以水來比喻的話，水蒸氣變成水的時候，水蒸氣的熱會釋放而變成液態水，過程中的熱能被釋放出來，那就是能量。

也就是說，相變會產生能量。

宇宙也是因真空能量的相變而釋放大量的能量，並急速膨脹。

這就是「宇宙暴脹」。

「宇宙暴脹」最初是從1點開始，並在10的負34次方秒的短時間裡發生了大霹靂。也就是「1秒的1000兆分之1的1000兆分之1的1萬分之1」那麼短的時間。

這個急速膨脹，就像是病毒在一瞬間膨脹到了比星系團更大的尺寸般。

暴脹平息後，當時釋放的熱使得宇宙被加溫，並變得像巨大火球般。

這就是大霹靂。

巨大火球持續膨脹，其後逐漸冷卻，夸克、電子、微中子、光子等基本粒子也一一誕生。

換言之，大霹靂是由於「宇宙暴漲」這個急速膨脹的現象而生。

最新的宇宙背景輻射觀測用衛星拍攝到的大霹靂的光

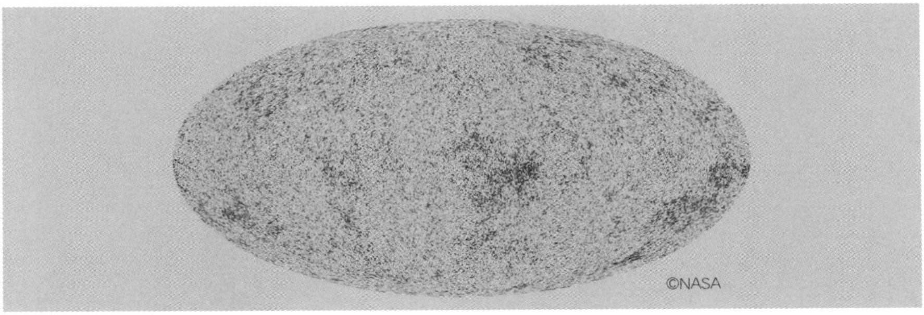

此照片是138億年前發生的大霹靂殘留下的光，也就是大霹靂後經過約30萬年的「宇宙的黎明」（參照第6頁）時的波動。由ESA（歐洲太空總署）發射的普朗克衛星的高性能太空望遠鏡所拍攝。

宇宙背景輻射觀測衛星的進化

以下圖像比較了進行觀測宇宙背景輻射任務的衛星所拍攝的圖像進化過程。

©NASA

COBE

由NASA在1989年所發射。目的是觀測宇宙微波背景輻射（CMB），可看出圖像解析度很低。

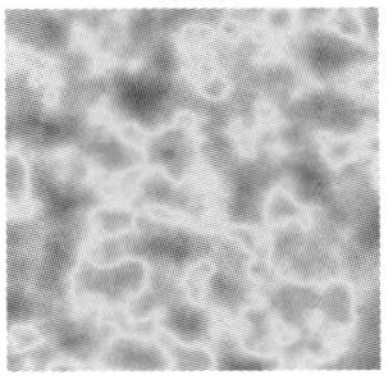

WMAP

由NASA在2001年發射，COBE的繼承者。目的是全天觀測大霹靂殘留的熱輻射〔也就是宇宙微波背景輻射（CMB）〕的溫度。現在也持續進行重要的天文觀測。

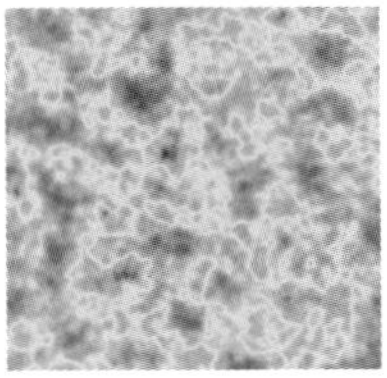

Planck

ESA（歐洲太空總署）於2009年發射的衛星。2013年3月21日公開了全天宇宙背景輻射地圖（上圖影像），完成比NASA的WMAP觀測數據更高精度的宇宙背景輻射地圖，並因此確認宇宙的年齡為約138億年。

47 宇宙共有幾個？

前面我們提到了宇宙暴脹及大霹靂使宇宙誕生，而這裡也有值得矚目的假說。**那就是多重宇宙論（Multiverse）**。

最初提倡宇宙暴脹理論的是東京大學的佐藤勝彥名譽教授。

宇宙是歷經真空能量的物態變化（暴脹）、大霹靂而成形。

但相變並非同時發生，必定是先從局部開始。

舉例來說，水的結冰不是一瞬間就全部結冰，而會從某一部分開始。

而宇宙也一樣，不是一起發生相變，而是會從局部先開始。

換言之，宇宙中應該會同時存在已經相變結束的地方，以及還在相變中的地方。

異次元空間中存在著無限多個宇宙？

相變結束後的空間會開始膨脹，如此一來，還在相變中的一部分空間就會被留下。

但是，物態變化中的空間內部應該會因宇宙暴脹而急速膨脹。

就算是擴張速度緩慢的空間，內側也是急速膨脹的。這是有可能發生的嗎？

事實上，從愛因斯坦的相對論中也推導出了「蟲洞（Wormhall，時空中的某一點和其他點相連結的空間）」，也就是異次元空間。

最初因宇宙暴脹而產生的宇宙是母宇宙，其中存在的蟲洞產生了子宇宙，而那之中又產生了孫宇宙。這就是多重宇宙的產生，也就是說存在著無限個宇宙。

多重宇宙的想像圖

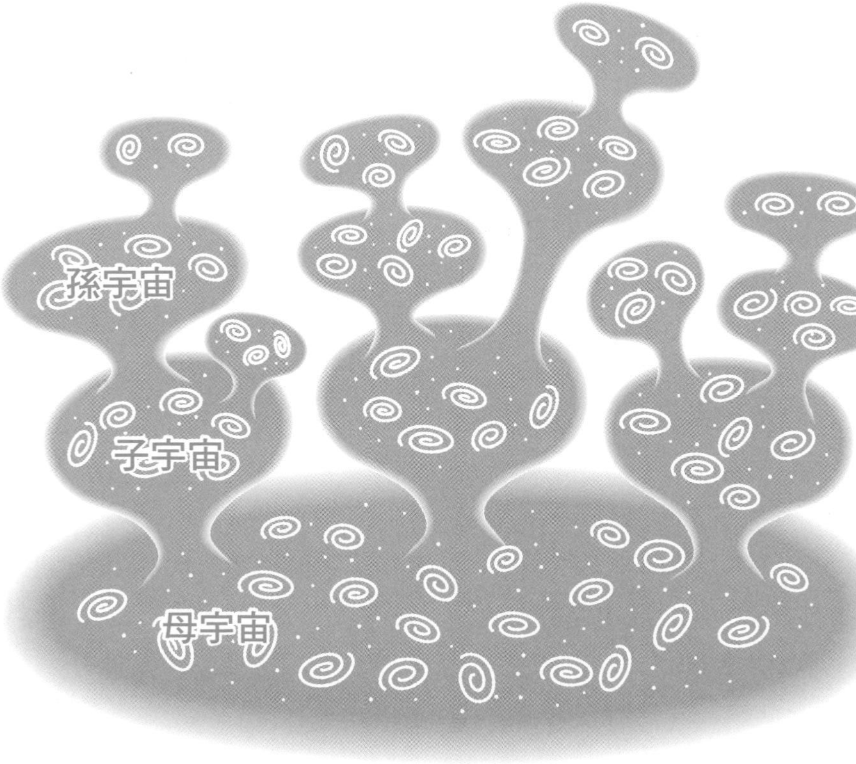

相變使得多重宇宙發生，而誕生出無限個宇宙。但是，從蟲洞中所誕生的子宇宙跟母宇宙會因蟲洞中途斷裂而失去彼此的因果關係，也就是彼此間互不知曉彼此的存在，完全變成了不同的宇宙。

参考文献
- 『別冊　ニュートンムック　宇宙誕生から時空を一望する宇宙図』(ニュートンプレス)
- 『別冊　ニュートンムック　太陽系の成り立ち　誕生からの１億年』(ニュートンプレス)
- 『別冊　ニュートンムック　地球と生命　46億年のパノラマ』(ニュートンプレス)
- 『宇宙ってこんな!』金子隆一監修(日本文芸社)
- 『ぜんぶわかる宇宙図鑑』渡部潤一監修(成美堂出版)
- 『宇宙の大地図帳』渡部潤一監修(宝島社)
- 『知識ゼロからの宇宙入門』渡部好恵著　渡部潤一監修(幻冬舎)
- 『宇宙最新情報完全解説』渡部潤一監修(笠倉出版)
- 『宇宙はなぜこんなにうまくできているのか』村山斉著(集英社インターナショナル)
- 『宇宙ロマン』渡部潤一監修(ナツメ社)
- 『宇宙のすべてがわかる本』渡部潤一監修(ナツメ社)

國家圖書館出版品預行編目資料

趣味宇宙：從太陽系之謎到最新的宇宙理論，一語道破宇宙的不可思議！／渡部潤一著；張資敏譯. — 初版. — 臺中市：晨星, 2020.11
面；公分. —（知的！；165）
譯自：図解 宇宙の話
ISBN 978-986-5529-64-2（平裝）
1. 宇宙
323.9　　109013071

知的！165

趣味宇宙

從太陽系之謎到最新的宇宙理論，一語道破宇宙的不可思議！
図解 宇宙の話

作者　渡部潤一
內文圖版　ISSHIKI（デジカル）
譯者　張資敏
編輯　吳雨書
校對　吳雨書
封面設計　陳語萱
美術設計　曾麗香

創辦人　陳銘民
發行所　晨星出版有限公司
407台中市西屯區工業30路1號1樓
TEL：04-23595820　FAX：04-23550581
行政院新聞局局版台業字第2500號
法律顧問　陳思成律師
初版　西元2020年11月15日　初版1刷

總經銷　知己圖書股份有限公司
106台北市大安區辛亥路一段30號9樓
TEL：02-23672044 / 23672047　FAX：02-23635741
407台中市西屯區工業30路1號1樓
TEL：04-23595819　FAX：04-23595493
E-mail：service@morningstar.com.tw
網路書店 http://www.morningstar.com.tw
訂購專線　02-23672044
郵政劃撥　15060393（知己圖書股份有限公司）
印刷　上好印刷股份有限公司

定價350元

ISBN 978-986-5529-64-2
"NEMURENAKUNARUHODO OMOSHIROI ZUKAI UCHU NO HANASHI"
supervised by Junichi Watanabe

First published in Japan by NIHONBUNGEISHA Co., Ltd., Tokyo

This Traditional Chinese edition is published by arrangement with NIHONBUNGEISHA Co., Ltd., Tokyo in care of Tuttle-Mori Agency, Inc., Tokyo through Future View Technology Ltd., Taipei.